湖南干旱缺水区电（磁）信息建模与高效探测技术研究（20230124DZ）
湖南省自然资源行业公益性抗旱找水勘查专项（2013—2024年）
联合资助

湖南省地下水
勘查物探方法与实例

曹创华　曾风山　康方平
刘春明　何　禹　周　磊　◎编著

HUNANSHENG DIXIASHUI
KANCHA WUTAN FANGFA YU SHILI

·长沙·

内容简介

Introduction

本书是在湖南省自然资源科研项目“湖南干旱缺水区电（磁）信息建模与高效探测技术研究”（20230124DZ）资助下，融合作者团队自2013年至今所完成的“湖南省自然资源行业公益性抗旱找水勘查专项”和商业技术服务项目的总结集成成果。

本书系统地对湖南省不同类型地下水分布规律，不同地层地下水富集特征、探测方法和模式进行了梳理和总结，并向广大读者提供了大量野外勘查实例，梳理了方法选取及靶区优选等实践经验，以期对湖南省乃至全国公益性基础性地质调查及勘查工作中的地下水探测和开发实践给予指导。本书研究成果将有效指导湖南省及相似地质水文气象条件地区后续地下水资源的高效开发和利用。本专著的出版既是支撑和保障湖南省“三高四新”高质量发展的必然要求，也是干旱频发现状下服务湖南省广大百姓民生的现实需要。

本书既有相关新方法新理念的提出，又有实际案例，内容丰富，实用性强，可供相关高校及广大地质科技人员参考，亦可作为高等院校和科研院所相关专业本科生、研究生的教学参考书。

作者简介

About the Author

曹创华，男，博士/博士后，正高级工程师，现任湖南省地质调查所副所长、湖南省地球物理学会副理事长，国务院政府特殊津贴获得者，湖南省十二次党代会党代表，中南大学兼职博士生导师，中国地质调查局、山东省科技厅、江西省科技厅、湖南省科技厅等专家库专家。曾获全国自然资源系统先进个人、自然资源部科技领军人才、中国地质学会“金罗盘奖”、湖南省卓越工程师等荣誉称号，近年来完成国家重点研发计划物探专题2项、湖南省重点研发计划课题及湖南省自然科学基金等省部级地质调查与科研项目12项、市场技术服务项目30余项；获全国职工优秀创新成果奖1项，中国地质学会全国十大科技进展1项，省部级科学技术奖一等奖2项、二等奖2项、三等奖1项，中国地球物理学会工程奖银奖1项；获湖南省地质学会学术论文一等奖3项；出版专著5部，发表学术论文65篇，授权发明专利16项、软件著作权4项。2021年被授予“湖南省省直机关优秀共产党员”和“湖南省地质学会2015—2021年度优秀会员”荣誉称号。

曾风山，男，高级工程师，现任湖南省地质调查所党委书记、副所长，2022年曾提出“百井万米”公益性地质找水项目，相关业绩被人民日报等媒体报道。

康方平，男，硕士，高级工程师。近年来主要承担城市环境地质调查、地质灾害探查和抗旱找水精准扶贫等公益性项目，获省部级奖励3项、厅局级奖励3项，发表学术论文20余篇。

刘春明，男，博士，教授级高级工程师，中南大学地球科学与信息物理学院地球物理系教师。主要从事有色金属资源、地质灾害隐患、城市地下空间、地下水和地热资源等方面的地球物理探测、监测和预测新方法及新仪器研发工作，主持(参与)完成科技部重点研发计划、国家自然科学基金、国家863计划、中国地质调查局等项目10余项，以及企业委托项目40余项，获得省部级科技奖项4项，申报专利42项，其中授权发明专利15项，发表学术论文30余篇，获得软件著作权2项。

何　禹，男，高级工程师，现任湖南省地质调查所物化遥地质技术中心主任、湖南省地球物理学会工程物探专业委员会委员。长期从事工程环境地球物理勘查等工作，获部级奖励1项，发表学术论文5篇。

周　磊，男，高级工程师，现任湖南省地质调查所物化遥地质技术中心项目负责人，长期从事综合地球物理勘查等工作，获厅局级奖励2项，发表学术论文3篇。

前言 Foreword

湖南是一个受区域地质构造、地理地貌、气象等因素控制的结构性、季节性缺水省份。受自然地理条件影响，湖南省虽处于华南地区，但旱灾频发，每年6至9月常发生阶段性或连续性旱情，形成了有名的“衡邵干旱走廊”“湘西干旱易发区”和“红层地层干旱带”等独特现象，这些干旱地区也是湖南省主要的深度贫困连片区、乡村振兴的主战场和精准扶贫成果的检验地，农业灌溉、人畜饮水、产业用水等成为长期困扰当地政府和老百姓的难题，极大地制约了乡村振兴工作的推进。据不完全统计，截至2018年底，湖南省需要解决饮水安全问题的尚有370余万人。面对习近平总书记提出的科技工作“四个面向”的号召，如何让更多干旱区老百姓有健康的水饮用、用清洁的水灌溉等成为社会经济发展的重大需求，也成为湖南地质科技工作者肩负的公益性社会责任。

湖南省间歇性干旱时有发生，2013年夏，湖南省遭遇百年不遇的大旱，导致107个县市区受灾，149万人临时饮水困难，1370万亩农田受旱；8月9日，湖南省自然资源厅做出了“全省抗旱找水打井工作”应急抗旱的重要决定，当年投入经费440万元。

2014—2021年，湖南省自然（国土）资源厅每年均安排专项资金在省内干旱缺水地区开展抗旱找水勘查工作，以湖南省地质调查院（现湖南省地质调查所）为牵头单位，陆续投入省财政资金3000多万元，用于解决干旱地区村民饮水困难问题，取得了良好的社会效益，逐步解决了20余万人生活饮用水及6000余亩农田灌溉问题。

2022年7月8日，湖南省持续出现晴热高温天气，发生了比2013年更为严重的旱情，岳阳、益阳等9市所辖20个区县达到抗旱Ⅳ级应急响应的重旱等级；邻省江西、湖北等多个长江以南地区亦遭遇严重旱情。湖南省委成立了“湖南省防旱抗旱工作专班”，及时高效地推进了各项抗旱找水工作，时至今日，大旱已过，但从长远看，随着全球变暖等，未来极端天气有可能还会出现。

如何在有限的时空期限内，以地球系统科学观为指导，梳理总结已有成果，拓展改良现有方法技术，开展湖南干旱缺水区多源地球物理场信息建模和快速高效探测技术研究，总结找水模式，以有效运用高效探测技术指导后续地下水资源高效开发和利用，既是省自然资源厅履行省政府赋予的职能职责、支撑和保障湖南省“三高四新”高质量发展的必然要求，也是服务湖南省广大百姓民生的现实需要，该项研究具有重要的科学和现实意义。

本专著是“湖南地质资源与环境探测创新团队”的集体智慧成果，得到了湖南省财政科研项目和公益性项目的大力支持。在编纂过程中，曹创华、康方平、刘春明、曾风山、何禹、周磊等同志付出了大量的心血，其中，曹创华完成了第1章；曾风山完成了第2章；康方平完成了第3章和第5章；刘春明完成了第4章；何禹完成了第6章；周磊完成了第7章；曹创华完成了第8章，并对全书进行了统稿。周丽芸、周国祥、李彬等同志修编了部分图件；出版过程中中南大学出版社付出了大量努力，在此一并表示由衷的感谢。

地下水的合理勘探与开发是经济社会发展过程中广大地质科技工作者始终面临的重要课题，探测和评价地下水资源的新方法新技术还在发展中，许多内容有待后期完善，加之笔者水平有限，书中难免存在缺点和不足之处，敬请广大读者批评指正。

编著者

2024年7月

目录

Contents

第一章

地下水概论

第一节　人类利用地下水的历史

地下水与人类社会活动有着密切的关系，地下水资源的开发与合理利用在人类历史长河中扮演着重要的角色。

自古以来，地下水就一直被抽取并被人类利用。人类自开始定居和从事农业生产活动后，便开启了利用地下水的历史。根据中国的考古发掘和史书记载，早在原始社会的母系氏族公社时期人类就开始了泉水的利用和浅井的挖掘。如《淮南子·修务训》上记载，神农除“教民播种五谷”和“尝百草之滋味”，亦教民鉴别“水泉之甘苦”。考古发现，我国最古老的水井是浙江余姚河姆渡水井，根据对其支护木头的碳-14 年代测定，其修建时间在公元前 3710 年(±125 年)，但井深很浅(仅 1.35 m)。

在中国进入父系氏族公社时期(公元前 2550—2140 年)以后，随着定居点的出现和农业生产的进步，开采地下水的水井已相当普遍，而且水井的深度不断增加，水井结构也更加完善。沈树荣(1979 年)根据考古资料对这一时期中国水井挖掘的历史作了如下总结：以河北邯郸涧沟和河南洛阳矬李古井为代表的龙山文化时期(公元前 2800—公元前 2300 年)，井型为土井，水井深度为 6~7 m；商代的水井是一种长方形的水井(河北藁城台西发现的商代水井)，井深已接近 10 m，井中有木制的井盘；西周(公元前 1046—公元前 771 年)早期已有石砌水井(江苏省东海县焦家庄西周早期遗址)和陶质井圈的瓦井。此外，水井的提水工具也有了较大的进步。元朝王祯的《农事》上写道：“汤旱，伊尹教民田头凿井以灌田，今之桔槔是也。”刘仙州根据这一记载并结合早商遗迹中长方形水井的出现推断，这种灌溉机械可能创造于商代初期的成汤时期(公元前 1765—公元前 1760 年)。从春秋时代的后期到中国第一个封建王朝——秦朝建立这一时期，随着社会经济的较迅速发展，地下水的开发利用也有了明显的进步。例如，据西汉年间《史记·河渠书》记载，我国新疆吐鲁番一带的坎儿井至少出现在公元前 200—公元前 300 年之前；早在公元前 200 多年的秦朝，蜀郡太守李冰就发明了制盐法（即利用地下卤水煮盐）。汉朝初年，四川自贡一带开采地下卤水煮盐之产业已十分兴旺，并能在岩石中开凿数十到数百米以上的自流井。

在这一时期，欧洲、中东及埃及等人类文化起源较早的地区，地下水开发经历着和中国相似的历程。有关水井和井结构的记载，已在公元前 2000 年前的基督教《圣经》和《旧约全书》中有所记载。据可查阅的历史资料，古雅典在公元前 600 年左右大街上已有公用水井，古罗马在公元前 312 年以前即普遍利用泉水和水井（深度<5 m）。古波斯时期（公元前 550—公元前 330 年）已在德黑兰附近修建大规模的坎儿井以供城市用水和附近地区农田灌溉。德黑兰附近最大的坎儿井深度已达 150 m，分布长达 26 km。

随着人类社会的发展和工业的出现，水井的开凿深度越来越大。欧洲的第一口深井是公元 1126 年在 Lillirs 村附近的一个修道院内挖成的（但这一时期的水井深度很少超过 300 m）。这一时期水井按其所在地地名被称为 artesian 井（即自流井）。

世界凿井历史上的第一口超深井是我国 1835 年开凿的自贡迁海井，其深度达到 1001.42 m。而欧洲直到 19 世纪末出现现代机械化的钻井技术后，其水井深度才超过 1000 m。

人类大规模地开发利用地下水资源，是在 18 世纪末 19 世纪初欧洲国家进入工业革命之后，随着钻井机械技术的进步，工业、农业、城市迅速发展，供水量急剧扩大，促使人们开始大规模地利用地下水源。中国的第一口城市供水机井，是在 20 世纪初期于上海开凿的，直到中华人民共和国成立之后，大规模的地下水开发工作才算真正开始。

人类对地下水的利用，除了用于生活饮用与农田灌溉之外，在很早以前就已经开始用于治病和制盐。俄罗斯地球化学的奠基人——维尔纳德斯基在其关于天然水利用历史的著作中曾提到，在公元前 20 世纪—公元前 10 世纪的古希腊科学中，对于天然水的起源及其性质已有相当清楚的概念。在公元前 1 世纪，著名的希腊医生阿尔赫格涅斯即把矿水分为碱性的、铁质的、盐性的及硫质的几大类。在罗马帝国时代（公元前 27 年—公元 476 年），对温泉的利用已极为兴盛，在当时的论文中可以找到矿水分类的雏形。

人类除了将地下水资源作为生活、生产的供水水源之外，也有和地下水的有害作用进行斗争的久远历史。我国考古工作者曾在湖北铜绿山找到两处春秋战国时期的古矿井，在其中发现了戽水用的木撮瓢、引水用的木水槽和提水用的木桶等排水设备。据当地Ⅱ号矿体中出土的铜斧木柄的碳-14 年代测定资料，其时代在公元前 535 年（±75 年）。

第二节　地下水概念

一、岩土的空隙

组成地壳的岩石，无论是松散沉积物还是坚硬的基岩，都有空隙。空隙的大小、多少、均匀程度和连通情况，决定着地下水的埋藏、分布和运动。因此，研究地下水必须首先研究岩土中的空隙。

将岩土空隙作为地下水储存场所和运动通道研究时，根据岩土空隙成因的不同，通常把空隙分为三类：松散沉积物颗粒之间的空隙称为孔隙；非可溶岩中的空隙称为裂隙；可溶岩产生的空隙小者称为溶隙，大者称为溶洞（图 1–1）。

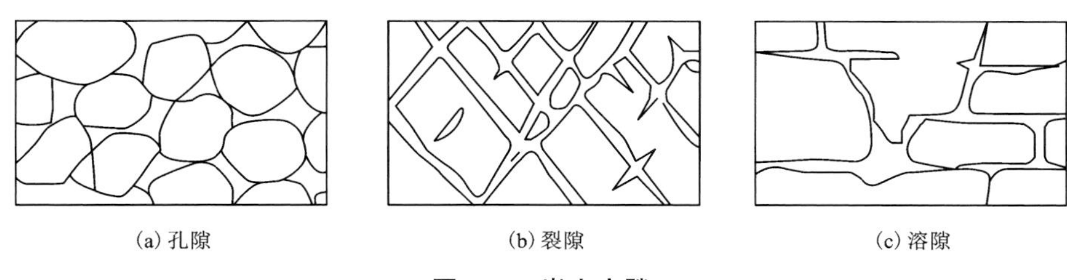

(a) 孔隙　　(b) 裂隙　　(c) 溶隙

图 1–1　岩土空隙

（一）孔隙

松散岩石是由大小不等的颗粒组成的，颗粒或颗粒集合体之间的空隙，称为孔隙。岩石中孔隙体积的大小是影响其储容地下水能力的重要因素。

1. 孔隙度

孔隙体积的大小可用孔隙度表示。孔隙度是指某一体积岩石（包括孔隙在内）中孔隙体积所占的比例。孔隙度是一个比值，可用小数或百分数表示。

2. 影响孔隙度的因素

孔隙度的大小主要取决于岩土分选程度及颗粒排列情况，另外，颗粒形状及胶结充填情况也影响孔隙度。对于黏性土，结构及次生孔隙常是影响孔隙度的重要因素。

（1）岩土的密实程度。一般来说，岩土越松散，孔隙度越大。然而松散与密实只是表面现象，其实质是组成岩土的颗粒的排列方式不同。不妨设想一种理想的情况，即颗粒为大小相等的球体，根据几何计算，当球呈四面体形式排列（最密实状态）时，其孔隙度只有 25.95%。

（2）颗粒的均匀程度。颗粒的均匀性是影响孔隙度的主要因素，颗粒大小越不均匀，其孔隙度越小，这是大的孔隙被小的颗粒填充的结果。

(3)颗粒的形状。一般松散岩土颗粒的浑圆度直接影响岩土的孔隙度。例如棱角状且排列疏松的黏土颗粒，其孔隙度为40%～50%，而颗粒近似圆形的砂，其孔隙度为30%～35%。

(4)颗粒的胶结程度。当松散岩土被泥质或其他物质胶结时，其孔隙度会大幅度降低。

综上所述，岩土的孔隙度受多种因素影响，岩土越松散、分选越好、浑圆度越好、胶结程度越差，孔隙度越大；反之，孔隙度越小。

(二)裂隙

固结的坚硬岩石，包括沉积岩、岩浆岩和变质岩，一般不存在或只保留一部分颗粒之间的孔隙，而主要受构造运动及其他内外地质营力作用影响产生的空隙，称为裂隙。

1. 裂隙率

裂隙的多少以裂隙率表示。裂隙率是裂隙体积与包括裂隙在内的岩石体积的比值。除了这种体积裂隙率，还可用面裂隙率或线裂隙率来说明裂隙的多少。

2. 裂隙的类型

按裂隙的成因可分为成岩裂隙、构造裂隙和风化裂隙。

(1)成岩裂隙。成岩裂隙是岩石在成岩过程中由于冷凝收缩（岩浆岩）或固结干缩(沉积岩)而产生的。岩浆岩中成岩裂隙发育较多，尤以玄武岩中柱状节理最有代表性。

(2)构造裂隙。构造裂隙是岩石在构造变动中受力而产生的。这种裂隙具有方向性，大小悬殊（由隐蔽的节理到大断层)，分布不均。构造裂隙按所受构造力的不同，又可分为张裂隙和扭裂隙。张裂隙由张应力形成，常呈张开型，断面上呈锯齿状且延伸不远。扭裂隙由剪应力形成，常呈闭合型，断面上平直且延伸较远。

(3)风化裂隙。风化裂隙是风化营力作用下，岩石破坏所产生的裂隙，主要分布在地表附近。岩石遭受风化作用时，一方面岩石中原有的成岩裂隙和构造裂隙扩大变宽，另一方面沿着岩石的脆弱面产生新的裂隙。

(三)溶隙

可溶的沉积岩，如盐岩、石膏、石灰岩和白云岩等，在地下水溶蚀下会产生空隙，这种空隙称为溶隙（穴）。

1. 溶隙的形成

溶隙是具有溶解性质的水在不断的交替运动中，对透水的可溶性岩石进行溶解而形成的空隙。水中的二氧化碳与水化合形成碳酸，碳酸对石灰岩发生作用就形成易溶于水的重碳酸钙。因此，水中含有二氧化碳时，将对石灰岩产生溶蚀作用而形成溶隙。

2. 溶隙率

溶穴的体积与包括溶穴在内的岩石体积的比值即为溶隙率。溶穴的规模悬殊，大的称为溶洞，宽达数十米，高数十米乃至百余米，长几千米至几十千米，而小的称为溶孔，直径仅几毫米。岩溶发育带的岩溶率可达百分之几十，而其附近岩石的岩溶率几乎为零。

自然界岩石中空隙的发育状况远较上面所说的复杂。例如，松散岩石以孔隙为主，但某些黏土干缩后可产生裂隙，而这些裂隙的水文地质意义，可能远远超过其原有的孔隙。固结程度不高的沉积岩，往往既有孔隙，又有裂隙。可溶性岩石，由于溶蚀不均一，有的部分发育为溶穴，有的部分则为裂隙，有时还可保留原生的孔隙与裂缝。因此，在研究岩土的空隙时，不仅要研究空隙的多少，还要研究空隙本身的大小、空隙间的连通性和分布规律。松散土的孔隙大小和分布都比较均匀，且连通性好；岩石裂隙无论宽度、长度和连通性，差异均很大，分布不均匀；溶隙大小相差悬殊，分布很不均匀，连通性更差。

二、水在岩石中的存在形式

地壳岩石中存在着各种形式的水：气态水、结合水、重力水、毛细水与固态水(图 1-2)。

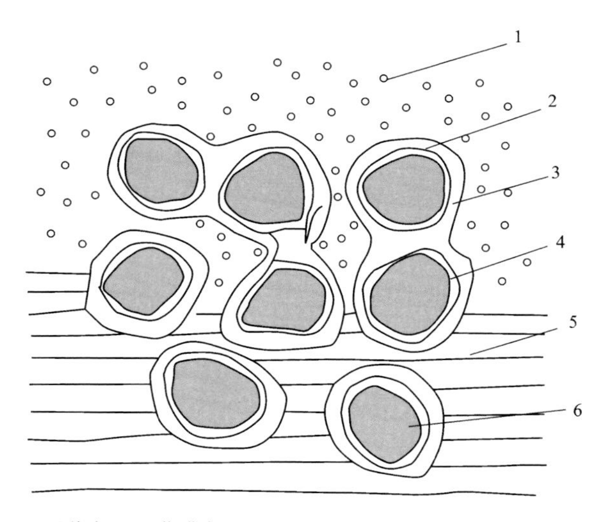

1—气态水；2—吸着水；3—薄膜水；4—土颗粒；5—重力水或毛细水；6—土颗粒/岩石。

图 1-2　水在岩石中的存在形式

(1)气态水。气态水呈水蒸气状态储存和运动于未饱和的岩石空隙之中，可以随空气的流动而运动，即使空气不运动时，气态水本身亦可由绝对湿度大的地方向绝对湿度小的地方迁移。当岩石空隙内水汽增多而达到饱和时，或当周围温度降低而达到零点时，水汽就开始凝结成液态水而补给地下水。由于气态水的凝结不一定在蒸发地区进行，因此也会影响地下水的重新分布，气态水本身不能直接开采利用，亦不能被植物吸收。气态水与液态水可以相互转化，二者之间保持动态平衡。

(2)结合水。松散岩石颗粒表面及坚硬岩石空隙壁面带有电荷，由于静电引力作用，岩石颗粒表面吸引水分子。岩石颗粒表面的吸引力大于其自身重力的水是结合水。结合水被吸附在岩石颗粒表面，不能在重力作用下运动。最接近固体表面的水叫强结合水(或称吸着水)。土颗粒/岩石表面各种形式的水与分子力关系密切，其密度平均值为 2 g/cm^3 左右，溶解盐类能力弱，具有较大的抗剪强度，不能流动，但可转化为气态水而移动。

结合水的外层，称为弱结合水(或称薄膜水)，如图 1-3 所示。在包气带中，因结合水的分布是不连续的，所以不能传递静水压力，而在地下水面以下的饱水

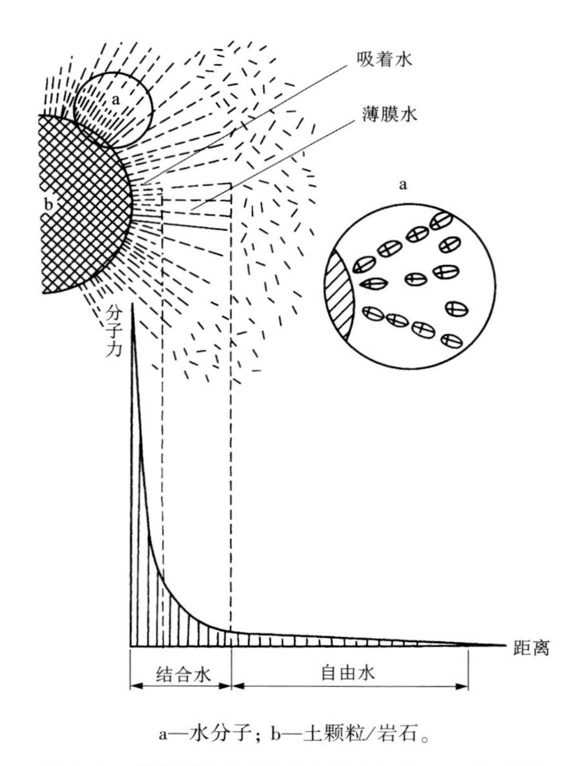

a—水分子；b—土颗粒/岩石。

图 1-3　颗粒表面各种形式的水与分子力的关系

带中，当外力大于结合水的抗剪强度时，结合水能够传递静水压力。

（3）重力水。岩石颗粒表面的水分子增厚到一定程度时，重力对它的影响超过颗粒表面对它的吸引力，这部分水分子就受重力的影响而向下运动，形成重力水。重力水存在于岩石较大的空隙中，具有液态水的一般特性，能传递静水压力，并具有溶解岩石中可溶盐的能力，从井中吸出或从泉中流出的水都是重力水。重力水是本书研究的主要对象。

（4）毛细水。岩石的细小空隙中的水在表面张力的作用下，能上升一定的高度，这种既受重力影响又受表面张力作用的水，称为毛细水。毛细水是基本上不受静电引力场作用的水，这种水同时受表面张力和重力作用，当两力作用达到平衡时便按一定高度停留在毛细管孔隙中。由于毛细水上升后会在潜水面以上形成一层毛细水带，故其会随着潜水面的升降而升降。毛细水只能垂直运动，可以传递静水压力。

（5）固态水。以固态形式存在于岩石空隙中的水称为固态水，在多年冻结区或季节冻结区可以见到这种水。

（6）矿物结合水。存在于矿物结晶内部或其间的水，称为矿物结合水。

上述各种形态的水在地壳中的分布是很有规律的（图 1-4），在地面以下接近地表的部分，岩土比较干燥，但实际上已有气态水与结合水存在，地表向下，岩土变得潮湿，但仍无水滴，再向下，开始存在毛细带，之后便是重力水带，水井中的水面就是重力水带的水面，在此高度以上的，统称为包气带，在此高度以下的，叫作饱水带。

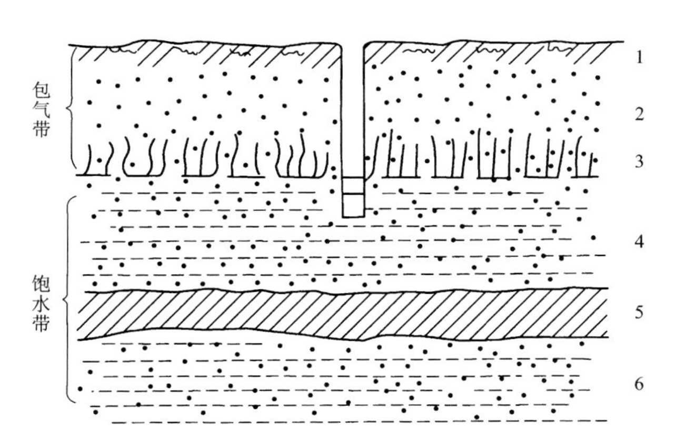

1—湿度不足带（分布有气态水、吸着水）；2—湿度饱和带（分布有气态水、吸着水、薄膜水）；3—毛细带；4—无压重力水带；5—黏土层；6—承压重力水带。

图 1-4　各种形态的水在岩层中的分布

第二章 湖南省地下水特征

湖南省地下水调查与评价工作开始于20世纪50年代，20世纪60年代之前的水文地质工作往往以找矿勘查区水文地质普查为主。湖南省1∶200000区域的水文地质普查工作在1973—1981年顺利完成，为全省积累了丰富的水文地质资料，也为后来持续性、精细化的地下水资源评价奠定了坚实基础。1982—1983年，湖南省地质研究所牵头完成了《湖南省地下水资源评价报告》，第一代湖南省全域地下水资源分布图也同时诞生，该图较客观地反映了当时社会经济发展条件下的湖南省水文地质条件和地下水资源分布规律，以及各县市、各流域和各种类型的地下水资源分布特点与现状。2001—2002年，湖南省国土资源厅按照2000年12月国土资源部所发的“全国地下水资源评价工作大纲与技术要求”规定的程序和技术精度要求，完成了新一版《湖南省地下水资源评价》，该工作采用动态的观点，充分利用现代信息系统和计算机技术，查清了湖南省地下水资源状况，基本上查清了该阶段湖南省地下水开采利用现状、地下水环境现状和存在的各类环境地质问题，为今后更大规模的地下水开采工作提出了合理化意见。

基于上述工作成果，综合来看，湖南省地下水资源相比地表水具有纯净、适应性广泛、流量稳定、受气象因素影响小、开发工期短、耗费资金低廉等优点，但同时因为分布不均衡和不定期的旱灾影响(2022年出现了自1961年以来的最强旱情)，以及受地形、西太平洋副热带高压、社会经济等因素共同影响，湖南省降水变率大，年度和季节尺度降水的时空差异性明显，旱涝灾害多发，亟须相关地球系统科学理论及方法技术支撑来改善现状，提高人居和生产生活用水质量。

第一节　湖南省地下水赋存条件与分布规律

湖南省地处中国中部，东经 108°47′~114°15′，北以滨湖平原与湖北接壤，属于长江中游地区，因大部分区域处于洞庭湖以南而得名“湖南”。省界极端位置东为桂东县黄连坪，西至新晃侗族自治县韭菜塘，南为江华瑶族自治县姑婆山，北达石门县壶瓶山。东西宽 667 km，南北长 774 km。截至 2023 年，湖南省总人口 6604 万人。省境内蕴藏着丰富的地下水资源，其赋存条件和分布规律与气候、地形地貌、水文、地层岩性和区域构造等因素密切相关。

一、自然地理特征

湖南省处于大陆亚热带季风气候区，春季气温升降显著，夏季温高湿重，秋季干旱少雨，冬季寒冷干燥。全省多年平均气温 16~18℃，东南气温略高于西北，年相差 2~15℃。元月最冷，月平均气温一般为 4~8℃；7 月最热，月平均气温为 27~30℃。1960—2015 年，湖南省年均降水增幅为 0. 8334 mm/a（未通过显著性检验），多年降水呈不显著的上升趋势，区域降水多年均值为 1412. 3 mm，2002 年降雨量最大（1924. 5 mm），2011 年降雨量最少（998. 4 mm），其余大部分年份围绕平均值上下波动。1960—1985 年降水波动变化较为平稳，之后有明显的“增—减”趋势，但时空分配不均。湖南省年均降水量大致呈自东南向西北递减趋势，受地形因素影响，有明显的“牛眼”现象。降水高值区始于雪峰山北端，延伸至连云山、罗霄山、八面山和南岭，呈“人”字形与降水匮乏区隔开，年均降雨量最大值出现在南岳（2023. 4 mm），其次是桂东（1707. 2 mm）和安化（1704. 1 mm）。降水相对偏少区域主要分布在洞庭湖平原、衡邵盆地和湘西南地区，其中新晃最少，为 1164. 3 mm，其次是衡阳县（1241. 3 mm）和安乡（1246. 1 mm）。春季降水空间分布特征大致与年度降水相似，雪峰山、罗霄山和南岭一带为降水丰富区，澧水流域、酉水流域等降水相对较少。夏季降水空间格局大致呈自东南、西北向中部递减趋势，除衡邵盆地、洞庭湖区和湘西沅水流域降水量较少以外，其他地区降水量均较多。秋季降水空间格局较为复杂，与春季形成强烈对比，一定程度上呈自东南向西北递增趋势，且降水量较春、夏两季普遍减少。冬季降雨量相对偏少，高值区域没有其他季节明显，且降水空间格局呈明显的自东南向西北递减趋势。

湖南省处于云贵高原到江南丘陵、南岭山地到江汉平原之间的过渡地区，地形起伏交叠，地貌类型多样。西部地势高峻，雪峰山、武陵山等山脉脊梁海拔为 1500 m 左右，湘中大部分降为海拔 200~500 m 的丘陵盆地，往东又升起为海拔 1000 m 上下的湘赣边境山地，桂东、资兴之间的八面山海拔 2042 m，为省内最高山峰。整体地势西高东低。南部五岭逶迤，湘粤边境的猛坑石海拔 1902 m，城步苗族自治县的二宝顶海拔 2021 m，往北东呈波浪式逐级降低，至滨湖平原大部分海拔在 50 m 以下。洞庭湖为全省最低处，容纳四水，吞吐长江。综观全省，西、南、东三面突起，往中部与东北部倾斜降低，呈向北敞口的不对称马蹄形盆地。据统计，全省山地面积占总面积的 50. 99%，山原面积占 1. 66%，丘陵面积占 16. 49%，岗地面积占 13. 89%，平原面积占 14. 44%，河湖水面面积占 2. 53%。省内水系发育、流域宽广、江河密布。有 5000 多条大小支流汇入湘、资、沅、澧四大主要河流，并分别于湘阴、益阳、常德、澧县流入洞庭湖，最后注入长江。此外，在桂、粤、赣边境尚有少数小河分别流入赣江和珠江。

二、地层、岩性及岩浆岩

湖南省地层出露齐全，自元古宙的浅变质岩系至新生界及现代沉积地层均有分布，省内岩浆岩以酸性岩类为主，岩性主要为中粗粒-中粒二长花岗岩、黑云母花岗岩、花岗闪长岩，大部分作为岩基或岩株侵入元古宙至白垩纪各时代地层。因地质环境的变化，各地的地层与岩浆岩分布不一、岩性不同。湘西北主要发育寒武系、奥陶系、二叠系和三叠系的灰岩、白云质灰岩、泥质灰岩，其次为志留系页岩粉砂岩和上泥盆统砂岩、页岩。武陵山和雪峰山脉广泛分布前寒武系浅变质岩，其间局部分布石炭系、二叠系灰岩，三叠系-侏罗系砂岩，以及白垩系、第三系的粉砂岩、泥岩、岩及砾岩。湘西南广泛出露板溪群至奥陶系的浅变质岩。湘中、湘南主要发育中泥盆系至上三叠统岩层，以碳酸盐岩及碎屑岩为主，并有板溪群至奥陶系浅变质岩分布，以花岗岩为主的岩浆岩体也较多。湘东地区，冷家溪群浅变质岩大片出露，上古生界砂页岩和灰岩分布亦较广泛，局部有白垩系红层发育，并有数处岩浆岩体产出。洞庭湖湖区主要为河湖相近代沉积地层。湖南省不同时代的含水岩组富水级别分布情况见表 2-1。

表 2-1　湖南省含水岩组富水级别分布一览表

地下水类型 类	地下水类型 亚类	含水岩组代号	富水级别	面积合计/km^2	分布范围
松散岩类孔隙水	潜水	Q_4	中等	24705.52	各河沿岸
		Q_4	贫乏		洞庭湖区
		Q_{1-3}			各河沿岸
	承压水	Q_4、Q_{1-3}	丰富	27015.42	澧县津市、常德汉寿、华容—南县、沅江
		Q_4、Q_{1-3}	中等		安乡、沅江、岳阳—汨罗—湘阴
红层裂隙孔隙-裂隙水	砂砾岩裂隙孔隙-裂隙水	K_1、K_2、E	中等		龙山、石门、邵阳、桂阳等地，沅麻、衡阳、常桃、茶永诸盆地
		K_1、K_2、E	贫乏		筻口、长平、沅麻、常桃、株洲、醴攸诸盆地、宁乡、通道等地
	钙质砾岩裂隙溶洞水	K_1、K_2	丰富		湘潭市，醴攸盆地酒埠江，衡阳盆地东井，茶永盆地马田、石门
		K_1、K	中等		衡阳盆地新市镇及大渔湾、石门维新、邵阳至新宁回龙市一带
碳酸盐岩类岩溶水	碳酸盐岩岩溶水	Є$_1q$、Є$_2$、Є$_3$、O_1、D_2q、D_3s、C_1y、C_{2+3}、P_1、T_1	丰富	60235.72	湘西北地区、攸县、宁乡、韶山、涟源及江永—道县—桂阳等地
		Є$_{2-3}$、O_{2+3}、D_2q、D_3、C、P_1	中等		湘中、湘南、湘西北地区，浏阳、攸县、辰溪—怀化等地
		Zb、C_1d、C_{2+3}、T_1、D_3s	贫乏		大庸、宁乡、韶山、浏阳醴陵、汝城等地
	碎屑岩碳酸盐岩裂隙岩溶水	Є$_1q$、Є$_{2+3}$、D_2q、D_3、C_1、P_2	中等		大庸、吉首、凤凰、安化—涟源、宁乡—韶山、攸县、汝城等地
		Zb、Є$_1n+p$、Є$_{2+3}$、D_2q、D_3s、P_2、T_1	贫乏		湘西湘西北地区、宁乡、韶山、株洲、桂阳—新田、常宁—攸县等地

续表 2-1

地下水类型		含水岩组代号	富水级别	面积合计/km^2	分布范围
类	亚类				
基岩裂隙水	碎屑岩裂隙水	Є$_1n+p$、D_3x	丰富	99843.61	龙山、双峰—邵东
		E_1n+p、S_1lr、S_2、D_1、D_2t、D_3、C_1、T_1、T_{3-i}	中等		湘西北、湘中、湘南地区、浏阳—醴陵、耒阳、攸县等
		S_1ln、D_2t、P_2 T_2、T_{3-i}	贫乏		湘西北、湘中、湘东及湘南地区
	浅变质岩裂隙水	P_1、$Ptbnm$、Za、Zb、Є$_1$、Є$_{2+3}$、O_{2+3}、S_1	中等		湘西、湘中区、塔山、大义山、九嶷山及幕阜山等山区
		Pt、$Ptln$、$Ptbnw$、Z、Є$_1$、O_1、O_3、S_1	贫乏		湘西、连云山、罗霄山、阳明山及九嶷山等山区
	岩浆岩裂隙水	γ	中等		幕阜山、沩山、南岳、白马山、大义山、骑田岭等岩体
		γ	贫乏		白水、桃江、丫江桥、五峰仙等岩体

湖南省在漫长的地质运动历史时期，由于构造运动的长期性、继承性及运动方式的多样性，形成了多种形式的构造体系，其中以武陵期、加里东期、印支期、燕山期等构造运动表现强烈且明显。湖南位于南岭纬向构造带之中段以北，湘中、湘北有三条区域性东西向构造带横贯全省；东西两边发育有巨型新华夏系构造第二沉降带及第三隆起带；北部巨型华夏系构造带斜贯全省，南部发育有南北向构造带及弧顶朝西的山字形构造带。自新近纪以来，湖南省新构造运动比较活跃。多级夷平面、阶地的发育，第四系地层间的假整合接触关系，沿某些断裂带分布的温泉，湖区下沉，以及湘西、湘南地区地层强烈上升等，均为新构造运动明显的迹象。湖南省复杂的地质构造及新构造运动，控制着山脉、水系的分布，与岩溶的发育、地下水的形成和富集有着密切的关系，湖南省各地区主要地层富水性等级见表 2-2。

表 2-2　湖南省各地区主要地层富水性等级表

涌水量/(L·s^{-1})	地层富水性等级	洞庭地区	雪峰山—幕阜山地区	湘西北区	湘东南区	湘中地区
>10	强富水性地层	—	—	三叠系大冶组灰岩、二叠系栖霞组灰岩	石炭系灰岩、泥盆系灰岩	中、上石炭系壶天群
1~10	中等富水性地层	第四系白沙井组砂砾层、第四系汨罗层	第四系砂砾层、三叠系大冶组灰岩、二叠系栖霞组灰岩、石炭系壶天群灰岩	第四系砂砾层、奥陶系灰岩、寒武系灰岩	第四系砂砾层、二叠系栖霞-茅口组灰岩	第四系砂砾层、三叠系大冶灰岩、二叠系灰岩、下石炭系灰岩、泥盆系灰岩
0.01~1.0	弱富水性地层	岩浆岩侵入体	第三系红层中的砂砾层、泥盆系砂岩、寒武系不纯灰岩、震旦系岩浆岩	中、上三叠系巴东组，泥盆系石英砂岩，震旦系	新近系红层中的砂砾层、三叠系大冶组灰岩、上二叠系、泥盆系跳马组花岗岩	新近系红层中的砂砾层、奥陶系、寒武系及震旦系花岗岩
<0.01	极弱富水性地层	第四系湖湘沉积淤泥层	奥陶系、志留系页岩层、板溪群	新近系红层、志留系页岩层、板溪群	下古生界浅变质岩层	志留系砂页岩层、板溪群

三、地下水分布及富集特征

(一)地下水类型划分及含水岩组富水性

依据地下水赋存条件、水理性质及水力特征，湖南省地下水分属以下四种基本类型。

1. 松散岩类孔隙水

松散岩类孔隙水分为潜水与承压水两个亚类。

(1)潜水：主要分布于洞庭湖地区及“四水”流域，面积约 9778.5 km^2，含水层为冲积、冲湖积及湖积砂层、砂砾石层、卵石层，厚度为数米至十余米。在“四水”流域，第四系松散堆积物构成漫滩和阶地，分别由全新统和更新统地层组成，一般具有二元结构，上部为黏土、砂质黏土，下部为砂砾石层，赋存着较丰富的孔隙水。境内普遍发育的残积、坡积物及局部地区发育的洪积、冰积物，富水性差，一般无供水意义。

(2)承压水：集中分布于洞庭湖区的澧县、安乡、华容、常德、汉寿、沅江、湘阴等县，面积约 14927 km^2。含水岩层由第四系冲积、湖积砾石、砂砾石及砂岩组成。依据岩性结构等划分为两个含水岩组(一是全新统及中上更新统，由多层砂砾石层、砂质黏土及黏土组成；二是下更新统，由多层砂砾石层和黏土组成，砂砾石层一般含泥较多，富水性较差)。两个含水岩组的砂砾石层顶板均存在隔水层，地下水具承压性质，往往可以找到承压井水。

2. 红层砂(砾)岩孔隙-裂隙水

红层在湖南主要指白垩系、古近系，分布于全省 80 个盆地内(面积大于 5 km^2)，其中以沅麻、长平、湘乡、湘潭、株洲、衡阳、醴攸和茶永等盆地为主，面积为 27015 km^2，占全省面积的 12.76%。岩性为一套典型的陆相碎屑岩沉积，由紫红、棕红色盐岩、砂砾岩、砂岩、粉砂岩和泥岩组成，局部夹有泥灰岩、灰岩。一般地下水赋存于风化裂隙中，呈裂隙潜水状态，但在衡阳盆地分布的钙质泥岩、钙质粉砂岩和泥灰岩，因富含钙质及石膏，溶蚀裂隙及溶孔发育，地下水赋存于裂隙及溶孔中。局部地区如湘潭市等地的红层底砾岩或层间砾岩，砾石多为石灰岩、钙质或泥质胶结，发育溶孔、溶洞，地下水赋存于溶洞和溶蚀裂隙中，属裂隙溶洞水。

3. 碳酸盐岩类岩溶溶洞-裂隙水

碳酸盐岩类岩溶溶洞-裂隙水包括碳酸盐岩岩溶水和碎屑岩、碳酸盐岩裂隙岩溶水两个亚类(前者碳酸盐岩类岩层厚度占含水岩组总厚度的 70%以上，后者占 30%~70%)，主要分布于湘西北、湘中的邵阳市和永州市零陵区，湘南的郴州、道县等地，面积约 60235 km^2。含水岩组的构成变化大。湘西北地区为寒武系、奥陶系、二叠系及三叠系下统，其他地区主要为泥盆系、石炭系、三叠系下统。岩性包括灰岩、白云岩及泥质灰岩、泥灰岩，碳酸盐岩类岩层质纯、厚度大，岩溶发育，分布有大泉及地下河。

4. 基岩裂隙水

基岩裂隙水包括碎屑岩裂隙水、浅变质岩裂隙水和岩浆岩裂隙水三个亚类(图 2-1 中仅展示了花岗岩类基岩裂隙水)，主要分布于湘西北武陵山，湘西雪峰山，湘中、湘东幕阜山、连云山及湘南山区，面积约 99843 km^2。碎屑岩层位包括寒武系下统、志留系、泥盆系下统及中统跳马涧组、二叠系上统、三叠系上统及侏罗系，由砾岩、砂岩、粉砂岩及页岩组成。浅变质岩多为元古宇、震旦系下统，雪峰山及其东南广大地区由板岩、千枚岩、凝灰岩及浅变质砾岩、砂岩组成。岩浆岩主要指分布于白马山、关帝庙、大义山等岩体中的花岗岩类岩石。地下水主要赋存于构造裂隙、风化带中，局地存在层间裂隙水。由于裂隙的性质、大小、充填程度不等，含水量相差悬殊。

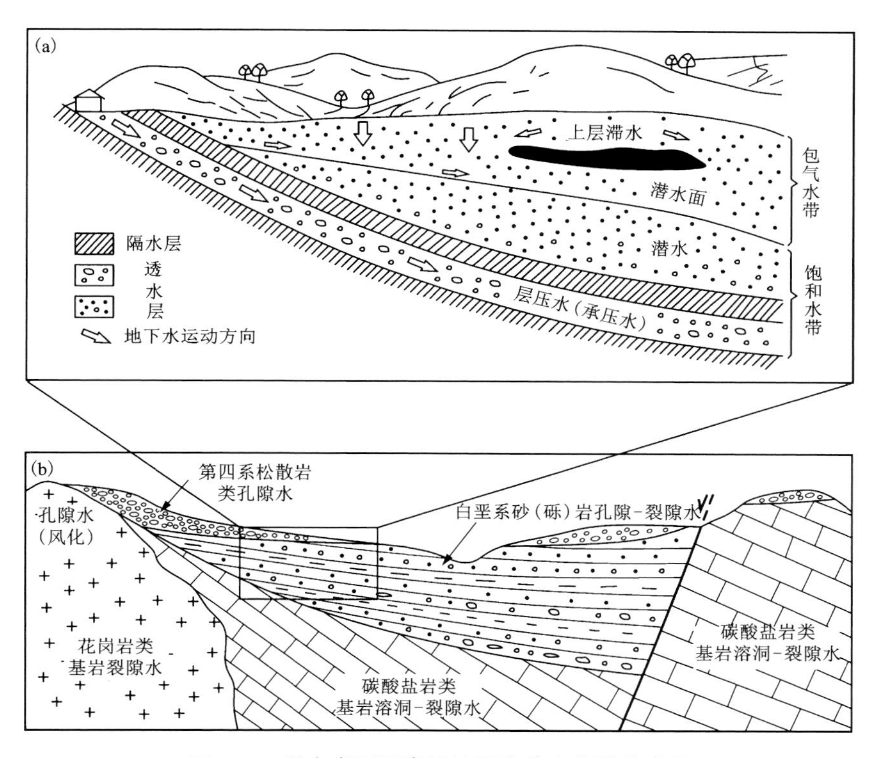

图 2-1 湖南省不同类型地下水分布典型模式图

(二) 地下水富集特征

1. 松散岩类孔隙水富水程度

松散岩类孔隙水富水程度与地貌、岩性结构及含水层厚度有关，其富集特征如下：

(1) 湖区平原及河漫滩地势低，地下水补给与储存条件好，地下水富集。湖区垄岗、河流阶地，由于河流切割、冲刷，岩层支离破碎，大多仅有大气降水补给，储存条件较差，地形有利于地下水排泄，含水层往往透水而不含水，或者含水贫乏。

(2)含水层颗粒粗、厚度大，泥质含量少，地下水富集；反之，地下水贫乏。

(3)古河道分布处，砾石层厚度虽随基底起伏有些变化，但在比较稳定地段，地下水富集。

2. 红层砂(砾)岩孔隙-裂隙水富水程度

红层砂(砾)岩孔隙-裂隙水富水程度取决于岩性、地貌与构造。在下列地段地下水富集：

(1)在钙质、膏盐含量高的层位分布区，如钙质砾岩、钙质胶结的砂岩和砾岩，富含钙质和石膏的泥岩、泥灰岩分布地区，一般地下水较其他地区富集。

(2)河谷两侧，主流和支流汇合的三角洲地带，地形低凹地区。

(3)断裂构造发育部位，尤其是断裂复合部位及密集发育地带较富集。

3. 碳酸盐岩类岩溶溶洞-裂隙水富水程度

碳酸盐岩类岩溶溶洞-裂隙水富水程度受岩性、构造、地貌等因素制约，岩溶裂隙发育程度不同致使各地含水层的位置及富集程度常常差异很大。一般岩溶发育地区地下水丰富，在有利的地貌条件下，可形成地下水富集部位。一般的岩溶发育部位有：

(1)质纯、厚度大的碳酸盐岩类和非碳酸盐岩夹层。

(2)挤压急剧而较狭窄的背斜核部及其倾伏端。

(3)宽缓向斜转折端。

(4)可溶岩与可溶岩或非可溶岩接触阻水带部位。

(5)张性或张扭性断裂内带及压性、压扭性断裂外带，尤其是放射状收聚部位或交叉口处。

(6)断裂复合、交会部位及断裂密集带。

(7)古岩溶与现代岩溶的叠合地段。

(8)地下水天然排泄区、地下水交替频繁区。

4. 基岩裂隙水富水程度

基岩裂隙水，由于裂隙的性质、大小、充填程度不等，含水量也相差悬殊。一般的特征如下：

(1)硬性脆岩石和含有碳酸盐岩夹层的岩组，构造复合部位、多期活动性断裂及断裂密集带地下水较为富集。

(2)风化裂隙水的富集除受岩性、地质构造的影响外，地貌及植被发育程度对其也有较明显的作用，一般情况下，地势低的地区如沟谷两侧、洼地、山地带植被发育的地区地下水也相对富集。

(三)构造对地下水的控制作用

储水构造、充水断裂指褶皱形成的含水向斜构造，由非含水层或弱含水层构成较为明显的隔水边界，形成独立的水文地质单元，存在富水性强的含水岩组，地下水丰富，或地下河平均流量大于周围同类地下水平均流量一级以上，盆地中部地下水具承压性质。全省主要自流盆地共15处(表2-3)，其中涟源桥头河、恩口—斗笠山、湘潭谭家山和宁乡煤炭坝等处，由于煤矿的长期开采，地下水生态遭到严重破坏。

表2-3　湖南省主要自流盆地一览表

序号	位置	构造名称	富水地层	边界地层	面积/km^2	地下水点出露				平均单涌水量/$(t\cdot d^{-1})$	矿井排水量/$(t\cdot h^{-1})$
						泉数量/个	地下河数量/条	最大流量/$(L\cdot s^{-1})$	总流量/$(L\cdot s^{-1})$		
1	龙山八面山	八面山向斜	P	S_2	51	5	1	869.6	1522.3		
2	龙山洛塔	洛塔向斜	P~T	D_3	113.8	4	5	649.14	1472.12		
3	龙山马蹄寨	马蹄寨—拔茅寨向斜	P~T	D_3	460	14	20	1000	5956.51		
4	新化晏家铺	车田江向斜	P_1	C_1	319.28	23	19	450	4835.19		
5	涟源桥头河	桥头河向斜	P_1	C_1	373	11		329.98	802.2	1706	1775~5725
6	涟源恩口—斗笠山	恩口—斗笠山向斜	P_1	C_1	374					2417	3785~7570
7	宁乡煤炭坝	煤炭坝及五亩冲向斜	P_1	K	110					2606	7295
8	湘潭云湖桥	银田寺及楠竹山向斜	P_1	C	151				60	3225	1604.17

续表2-3

序号	位置	构造名称	富水地层	边界地层	面积/km^2	地下水点出露				平均单涌水量/$(t \cdot d^{-1})$	矿井排水量/$(t \cdot h^{-1})$
						泉数量/个	地下河数量/条	最大流量/$(L \cdot s^{-1})$	总流量/$(L \cdot s^{-1})$		
9	湘潭石潭	杨家桥向斜	P_1	C_1	70	5			66.7		500
10	湘潭谭家山	谭家山向斜	P_1	C	128					1893	1144
11	茶陵清水—潞水	清水及潞水复式向斜	D_3x^1~D_2q	Є、J	79	18	2	244.9	1118.45	5457	200~300
12	茶陵排前	排前复式向斜	D_3x^1~D_2q	D_2t、J	31	2		138	309.4	3435	
13	汝城田庄	田庄—延寿向斜	D_2q	D_2t	158	18	7	163	348.15		
14	江华大圩	小圩—新圩向斜	D_2q、D_3	D_2t	122	16	8	351.34	2428.16		
15	石门南坪	南坪向斜	C_{2+3}、P、T_1	D_3	110	4		50	55.95		

充水断裂指岩石的断裂构造经历了多期地质作用，形成了十分复杂的裂隙，这种断裂的某一地段相对富水，简称断裂充水带。湖南省已知的主要充水断裂共108条，分布较广泛，其中北北东向断裂充水带最为发育，全省皆有分布，已知的有48条。北东向断裂充水带及南北向构造的断裂充水带也较发育，分别有19条、11条，后者多分布于湘南。东西向构造的断裂充水带仅个别地段如安化、韶山及大庸、石门一带发育，有6条。此外尚有构造体系不明的断裂充水带24条。依结构面的性质，地下水在断裂充水带的富集规律有如下特征：

(1)压性、压扭性充水断裂：地下水富集于断裂外带，断裂内带岩石糜棱岩化，形成糜棱岩、断层泥，胶结紧密，一般不含水，外带岩石受断裂牵引的影响，裂隙发育，岩石破碎，利于地下水汇集与储存，形成富水地带。如石门东山峰东南侧，清官渡及自生桥有两条长30多km的北东向压扭性断裂，断裂两侧岩石破碎，为裂隙岩溶水的储存和运移创造了有利条件，次级张裂发育，出露下降泉

30 余个，沿断裂有规律地呈星线状分布。

（2）张性、张扭性充水断裂：地下水富集于断裂带内。张性断裂结构面粗糙，角砾岩发育，胶结疏松，为地下水的流动提供了条件，常形成富水断裂。如桃源县西南寺坪充水断裂为一沿元古宇板溪群与古近系分界线的北东向张性断裂。沿断裂带岩石破碎，地下水相对富集，古近系夹层被溶蚀后地表常形成水洞。据钻孔资料，抽水降深为 32.6 m 时涌水量达 432 m^3/d。

（3）多期活动性充水断裂：多次断裂活动使断裂外带岩石进一步破碎，内带岩石碎裂，使胶结物疏松，富水性增强。如平江县长寿街至浏阳柏嘉山附近的长柏断裂，主要由两条规模较大的时分时合的压性断裂组成，加上与之平行的小断裂以及中新生代的长平盆地中的一些压性、压扭性断裂，构成一北北东向构造带。断裂带岩石挤压强烈，岩石破碎强烈，破碎带宽 200～300 m。泉水沿断裂带呈线状分布，主干断裂带上有自喷钻孔，水头高出地面 0.1～9 m，孔口水量为 1～9 L/s 不等。

一般在构造复合部位，如巨大断裂带与侧旁低序次断裂交汇部位，由于断裂密集、岩石强烈破碎，地下水更易富集。另外，当岩层受断层错动，使富水性有明显差别的含水岩组接触时，较易出现地下水富集的状况。

第二节　水文地质分区概述

大气降水、地层岩性、地质构造、地势地貌是形成与控制湖南省地下水的主要因素。大气降水是地下水的主要补给水源，地层岩性、地质构造决定了地下水的分布与地下水的类型及其富水性，地势地貌则与地下水运流排泄条件密切相关，因而以水文地质条件基本类似为主要依据，主要考虑大的地貌、地质构造单元和地下水类型，将全省划分为 8 个水文地质区，并依据次一级的地貌和水文地质条件的地区性差异，划分 6 个亚区，如图 2-2 所示。

一、湘西北褶皱隆起中低山岩溶水区

该区位于湖南省西北部，包括湘西土家族、苗族自治州绝大部分和常德地区西部，面积为 28938.93 km^2。全区年平均地下径流量为 102.945 亿 m^3/a，枯季地下径流量为 37.977 亿 m^3/a。本区可分为两个亚区，即武陵山岩溶山地岩溶亚区和武陵山山地岩溶裂隙水亚区。区内地势西北高、东南低，海拔多在 800 m 以上，属受中等切割的山原区。澧水主干及沅水支流酉水自西向东纵贯全区，水力资源丰富。碳酸盐岩广泛分布，岩溶发育，常见溶沟、斗、洼地、峰丛等地貌景观。区内以岩溶水为主，分布面积约为 15917 km^2，占全区面积的 55%，主要赋存于寒武系、奥陶系、二叠系及三叠系碳酸盐岩中，含水量十分丰富，而震旦系灰岩、硅质

岩层中则水量贫乏。据统计，全区流量大于 5 L/s 的岩溶大泉有 484 个，地下河有 432 条，总流量为 54.916 m^3/a。基岩裂隙水赋存于寒武系下统、志留系、泥盆系、三叠系、侏罗系砂岩、页岩中，分布面积约 11766 km^2，占全区面积的 40.65%，一般含水性中等，泉流量一般小于 0.1 L/s。由于本区长期隆升，沟谷深切，地下水埋深较大，分水岭地带水位往往超过百米，降水则通过落水洞、天窗迅速入渗地下，形成了地表缺水、地下水丰富的状态。区内地下水动态变化大，水质良好，较普遍采用围堵、凿硐、截拦地下河、大泉及渠引等方法灌溉或发电。

二、湘西复背斜隆起中低山裂隙水区

该区位于湖南省西部，包括怀化地区全部及湘西自治州、常德、益阳、邵阳地区小部分，面积约 49488.9 km^2。全区年平均地下径流量为 65.859 亿 m^3/a，枯季地下径流量为 28.282 亿 m^3/a。该区可分为三个亚区，即盆地裂孔-裂隙水亚区、辰溪—怀化低山丘陵岩溶水亚区、雪峰山中低山丘陵裂隙水亚区。境内以中山、低山为主，东部雪峰山脉群缩延，其南端海拔为 1500~1934 m，北部海拔为 500~1000 m。四周为波状起伏的丘陵盆地，具有东高西低、南高北低的地势特点。中部沅水、东部资水皆由南向北穿切高山深谷横流而过，水能蕴藏量丰富。山体主要由元古宙浅变质碎屑岩和古生界碎屑岩组成，岩裂隙水分布面积达 35056 km^2，占全区面积的 70.8%，一般赋存于构造裂隙较发育的变质砂岩、板岩、千枚岩、硅质岩层中，水流量为 0.1~1.0 L/s。盆地主要由白垩系红层构成，含微弱的孔隙-裂隙水。而在底溪—怀化低山丘陵区，上石炭统-乌拉尔统灰岩、白云岩及硅质灰岩中赋存着较丰富的岩溶水，据统计，已知岩溶泉有 93 个，地下河有 20 条，总流量达 3.148 亿 m^3/a。目前已在局部地段采用引、堵等方法开发利用。

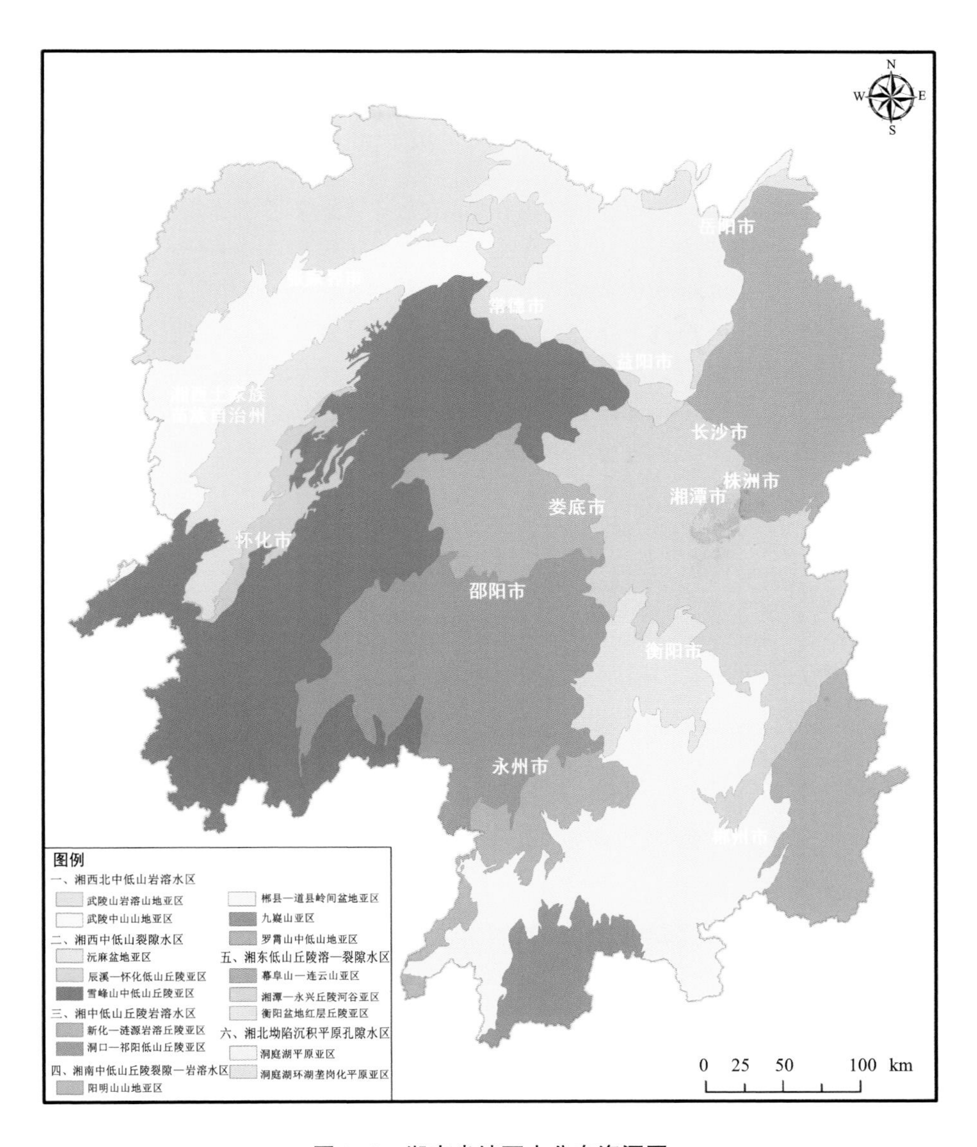

图 2-2 湖南省地下水分布资源图

三、湘中复向斜低山丘陵岩溶水区

该区位于湘中地区西部，包括雪峰山以东、沩山以南、衡阳盆地以西及阳明山以北的广大地区，面积为 29137.8 km^2。全区年平均地下径流量为 92.733 亿 m^3/a，枯季地下径流量为 41.778 亿 m^3/a。该区可分为两个亚区，即新化—涟源岩溶丘陵裂隙岩溶水亚区和洞口—祁阳低山丘陵岩溶水亚区。区内有由灰岩、砂页岩构成的呈波状起伏的丘陵区，大部分海拔在 500 m 以下。相间有由板岩、砂岩、硅质岩、花岗岩组成的局部的中等山脉。丘陵低山溶蚀地貌发育，部分已被红层覆盖。湘江与涟水、资江与夫夷水及其支流流贯全区。河流中下游处，多有一、二级阶地及小块冲积平原，该区的河谷为排泄地下水的通道。地质构造以弧形褶皱为主，沉积了相当厚的古生界碳酸盐岩、碎屑岩和厚的浅变质岩。上古生界石炭系、二叠系的褶皱构成良好的储水向斜构造盆地，而下古生界多形成穹窿和穹状背斜，成为区域地下水的分水岭。区内地下水丰富。碳酸盐岩类岩溶水主要赋存于古生界，分布面积达 21567.8 km^2，占总面积的 74%。据统计，流量大于 5 L/s 的岩溶大泉有 846 个，地下河有 867 条，总流量达 18.816 亿 m^3/a。但由于岩溶发育程度的差异，水量分布不均，存在着局部富水构造，例如涟源—新化地区的斗笠山、桥头河、晏家铺等良好储水向斜，在邵阳、永州零陵地区褶皱发育，断裂密集，在构造有利部位形成富水块段，如零陵大庆坪等处。区内地下水位埋藏不深，且水质较好，适合农灌要求，不少地区已采用“堵、引、蓄、提、扩”办法开发利用岩溶水。

四、湘南褶皱中低山丘陵裂隙-岩溶水区

该区位于南岭山脉北麓，包括永州零陵、郴州地区的绝大部分，以及衡阳市的小部分，面积为 39150 km^2。全区年平均地下径流量为 103.610 亿 m^3/a，枯季地下径流量为 45.372 亿 m^3/a。该区可划分为 4 个亚区，即阳明山山地裂隙水亚区、郴州市—道县岭间盆地岩溶水亚区、罗霄山中低山地裂隙水亚区、九嶷山山地裂隙水亚区。区内地势大致东高西低，与桂、粤、赣交界处及西北部边缘分布有由花岗岩、浅变质岩构成的山地、孤峰山岭重叠，海拔多为 500~1500 m，地形切割强烈，中部大片地区为由灰岩、砂页岩构成的低山丘陵盆地，新田、嘉禾以西岩溶较发育。区内较大河流为耒水、舂陵水、潇水及武水，大多属湘江水系，少数属珠江水系。这些河流上、中游都源于中山区，多峡谷，水力资源较丰富。本区以碳酸盐岩类岩溶水和基岩裂隙水为主，红层孔隙-裂隙水和松散岩类孔隙水仅有小面积分布。岩溶水主要分布于郴州市—道县岭间盆地中，面积约 16169 km^2，占全区面积的 41%，赋存于上泥盆统、石炭系、乌拉尔统的灰岩、白云质灰岩中，水量十分丰富。据统计，流量大于 5 L/s 的岩溶大泉有 586 个，地下河有 267 条，总流量达 21.136 亿 m^3/a。由于岩性、地貌、构造等条件对岩溶水富集的影响，还存在局部富水地段，如江永、道县、宁远一带，地下水、地表水联系密切，地下水富集，水位埋深较浅。而基岩裂隙水分布于阳明山、罗霄山、九嶷山诸山地内，面积约 21633.44 km^2，占全区面积的 55.25%，赋存于下古生界浅变质岩、泥盆系碎屑岩及花岗岩中，富水性一般为中等，泉流量为 0.1~1 L/s。大片灰岩

丘陵地区干旱较严重，农灌宜采用“引、蓄、提、扩”方法开发利用泉水及地下河水，在广大基岩山区，可将地下水相对富集的断裂发育带、山间盆地和低地等处，选作小型供水源地。

五、湘东褶皱低山丘陵岩溶–裂隙水区

该区位于湖南省东部，包括岳阳市、长沙市、湘潭市、衡阳市、郴州市等部分地区，面积约 44950.8 km^2。全区年平均地下径流量为 49.331 亿 m^3/a，枯季地下径流量为 22.835 亿 m^3/a。该区可分为 3 个亚区，即幕阜山—连云山裂隙水亚区、湘潭—永兴丘陵河谷裂隙岩溶水亚区、衡阳盆地红层丘陵孔隙–裂隙水亚区。境内湘赣边境诸山脉与其间的盆地平行排列，地势总体上由东至西逐渐降低。湘江及其支流流贯全区，水系发育，水力资源丰富，两岸分布有较大的冲积平原。该区地下水类型复杂，以基岩裂隙水为主，分布面积约 24410 km^2，占全区总面积的 54.3%，赋存于元古界浅变质岩及花岗岩体内，含水中等–贫乏，泉流量为 0.01~0.8 L/s。其次为红层孔隙–裂隙水，分布面积为 13517.9 km^2，占全区总面积的 30.07%，一般含水贫乏。但据近年勘探资料，衡阳市及湖潭市近郊一带，在白垩系中含有较丰富的岩溶裂隙承压水，埋藏深度一般小于 100 m，平均单井涌水量为 700~2000 m^3/d。另外，在泥盆系、石炭系、二叠系灰岩中亦含有丰富的岩溶水，但分布面积仅占全区面积的 6.5%。岩溶盆地及河流两岸阶地的冲积层具有一定的开发前景，而大片丘陵山区，除在充水断裂、风化裂隙、构造裂隙较发育处相对富水宜引灌外，大部分以利用地表水为主。

六、湘北拗陷沉积平原孔隙水区

该区是湖南马蹄形盆地的北面出口，东起岳阳、汨罗，西到临澧、桃源，南至益阳、湘阴，东北以长江为界，总面积为 20133.73 km^2。全区多年平均渗入补给量为 45761 亿 m^3/a，枯季渗入补给量为 40138 亿 m^3/a。该区可分为两个亚区，即洞庭湖平原亚区、环湖低丘陵亚区。区内地势平坦，河湖众多。东、南、西三面被丘陵低山环绕，标高多在 50 m 以下，局部地区分布着丘陵。洞庭湖为一中新生代断陷盆地。湖区地表绝大部分为第四系覆盖，表层由砂质黏土组成，局部地段为砂层、砂石层。洞庭湖平原亚区地下水主要赋存于第四系全新统至中更新统砂砾层中，砂砾层厚度一般超过 20 m，顶板埋深小于 50 m，为孔隙承压水，平均单井水量为 300~3000 m^3/d。环湖低丘地区则为孔隙潜水。区内洪涝灾害严重，地表水常年灌入促使地下水位抬高，土壤潜育化现象明显，需开沟引渠避水和机排。为改善卫生条件，全区饮用水宜井水化，但井水由于铁离子含量超标，需事先除铁。

第三节　地下水的补给、径流、排泄条件及动态特征

湖南省地下水的补给、径流、排泄条件及动态变化，主要受地形地貌条件控制，并与气象、水文、地质构造等因素有关。湖南省地下水条件类型分布见图2-3。处于不同地貌单元的地下水，其补给、径流、排泄条件及动态变化特征显著不同，现分区叙述如下。

一、平原区

洞庭湖平原区坦荡辽阔，河湖众多，港汉纵横，垸田密布。由于降水较充沛，并汇集四大水系，该区地表水丰富，为地下水的形成与补给提供了充足的水源。区内温暖潮湿，年平均气温接近 17℃，最冷月份(1 月)平均气温为 4.0~4.5℃，最热月份(7 月)平均气温为 29~29.5℃。多年平均降水量为 1236 mm，4—6 月降水量多在 500 mm 以上，各种气象因素的综合作用促成降水对地下水的有利补给。水网化是洞庭湖平原地表水分布的特色。湘、资、沅、澧四大水系以及汨罗江、新墙河和沧水皆汇入洞庭湖，各河进口及总出口皆有水文站控制，多年平均径流量为 2816.61 亿 m^3/a，多年平均出境径流量为 2974.45 亿 m^3/a。平原上分布着面积很广的稻田，灌溉用水渗入地下也是地下水重要的补给来源。平原的地形地貌、岩性结构为降水、地下水渗入补给创造了较好的条件。特别是平原的西部，在河流的两侧阶地漫滩上，分布着较宽广的冲洪积扇，因表层覆盖薄，砂砾、卵石渗透性强，加之河水位常年高于地下水位，通过侧向补给，有一定量的地表水转化为地下水。地下水具有一定的径流方向，即由边缘向湖中心汇集。沅水岸边在常德—周家店一带，地下水流向南东，在德山—太子庙一带，地下水流向北东，在常德—牛鼻滩一带，沅水水位标高 31.313 m，河水补给地下水，流向正东。由于地势平坦，水力坡度小，地下水运动相当缓慢，越近湖心越慢。实测地下水流速：常德和西洞庭湖农场一带为 0.91~0.976 m/d，牛滩一带为 0.70 m/d。澧水岸边在张公庙、津市一带，河水位枯水期高于地下水位 3.95~4.95 m，故地下水向北运移，在新安、合口、张公庙以北地区，地下水向南或南东运移，在大堰挡、车溪河、曾家河等地，地下水向东或南东运移，于新安—合口—张公庙—港县一带，南北水流汇合，成为一条近东西向潜流带，这一潜流带即澧水古河床，地下水量十分丰富。通常，地下水水位在雨季(一般为 4—6 月)接受降水、地表水的入渗，峰起谷落多次，峰值受降雨强度及渗入总量等控制。入秋后的暴雨使水位产生明显的高峰，秋冬季枯水期地下水失去大量补给，消耗储存量，水位逐渐下降，至次年 1—2 月，水位均处于相对稳定的低水位期，亦即补给与排泄量处于相对平衡时期。水位年变化幅度为 0.2~6 m。而在环湖低丘区，地势稍高，地下水

位高于地表水位，降水是地下水的主要补给来源，为降水-径流型。

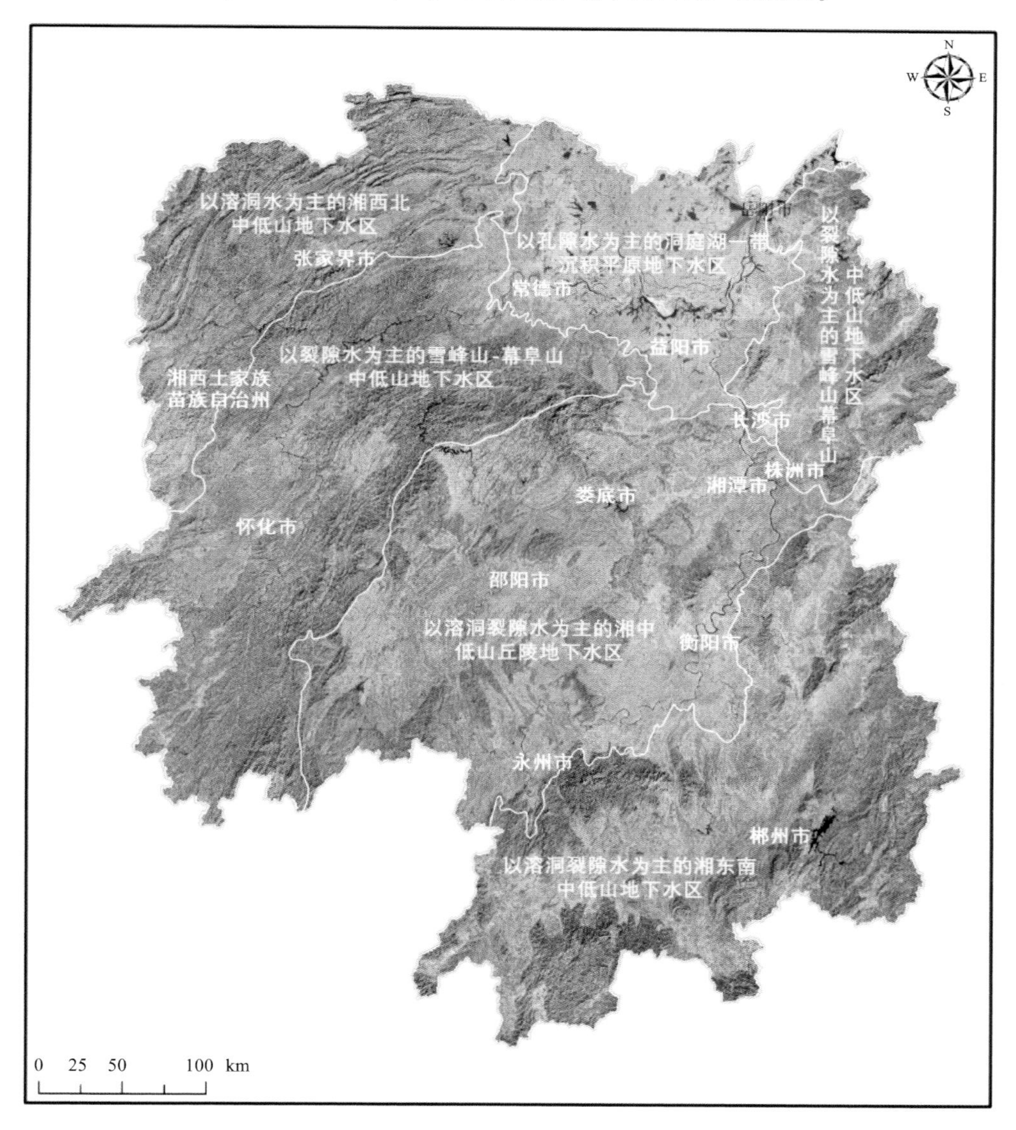

图 2-3　湖南省地下水条件类型分布图

二、山丘区

占全省面积90%的山丘区，各类型地下水分布受地质构造、地貌条件的制约，其补给、径流、排泄条件及动态变化有较大的差别。

1. 松散岩类孔隙水

地下水补给来源以大气降水入渗补给为主，除大气降水补给外，一级阶地及河漫滩还接受河水的侧渗补给，二级以上阶地还接受部分相邻高阶地或基岩区的径流补给。一般河流高阶地，更新统地层残留丘顶，局部基岩裸露，地形坡度较大，降水入渗后很快转为排泄过程，地下水或沿基岩接触面排泄，或渗入基岩裂隙形成下降泉排入冲沟溪流，使得含水层常处于疏干状态。当更新统地层厚度较大，如有 30 m 左右，且第四系地层底板高于江河洪水期水位 20 m 以上时，冲沟深切至基岩，将砂砾石含水层暴露于地表，利于降水入渗，形成的地下水沿基岩面径流，一部分排泄入冲沟内残坡积含水层以泉出露或排入溪流，一部分补给至低一级阶地的含水层。上述两种情况，地下水动态都明显地受降水影响，雨季地下水位抬升，旱季地下水位跌落。例如长沙市区位于高阶地(含水层分别为中更新统新开铺组、白沙井组、马王堆组)，水位变化幅度为 1 m 左右。而地势低平位于河中之河心洲、漫滩及一级阶地的，由于地表水体发育，第四系厚度薄，含水层与河床沉积物连通，地下水与地表水水力联系密切。一般在平水-枯水期，地下水垂向接受大气降水、地表水的补给，并侧向接受高级阶地地下水的补给后在区内径流，向江、河排泄。在洪水期，江河水位高于地下水位，地表水反向补给地下水。

2. 红层砂(砾)岩孔隙-裂隙水

红层地下水主要补给来源为大气降水，近河谷地除受降水直接入渗补给外，还可获得河水的侧向补给及上层孔隙水的垂向补给。

红层地下水径流条件与含水岩石的透水性有密切关系。岩石的透水性主要取决于孔隙、裂隙及溶洞发育程度。一般砾岩溶洞裂隙层间水分布区径流条件好，如衡阳盆地全岭至泉边头一带，砾岩中溶洞发育，地下水循环交替作用较强，红层地下水排泄方式有三类：第一类以泉的方式集中排泄，其中下降泉以排泄侵蚀准面以上的泥岩风化裂隙潜水为主，上升泉则以排泄砾岩与砂岩层间水为主；第二类为片状排泄，在局部地段形成冷浸田；第三类为溪沟河谷的线状排泄，常沿岸边浸出。

3. 碳酸盐岩类岩溶水

岩溶水的补给方式、径流排泄条件及动态变化与岩溶埋藏条件、岩溶发育程度、地形地貌条件有关，在湖南省还有地域性差异。

(1)湘西北地区：受新近期构造运动间歇性抬升影响，该区地形切割强烈，第四系堆积物不发育，碳酸盐岩裸露，在志留-泥盆系砂页岩低丘陵之上，耸立着一系列以北东向至北北东向构造线排列的岩溶汇水盆地，盆地内发育有漏斗、落水洞、天窗等，利于降水入渗。因而降水是主要补给来源。

补给方式有 3 种：①灌入型，降水通过地表或地下岩溶通道如漏斗等直接灌入地下。属此型的地下河，其进口常位于具有较大汇水面积的洼地和沟段，构成主要排泄盆地横向地帮(分永岭—河谷)地表径流管道。②渗入型，降水沿细小裂隙或透过植被土壤缓慢渗入地下补给地下水。在植被和堆积层发育的地带，降水渗入岩溶空间前的滞留时间较长。属此型的地下河多出露在斜坡沟谷或溶丘洼地内缘，地表河流极少。③混合型，即灌入和渗入兼而有之，除具有一般灌入型补给特征外，还有地下河流程较长、汇水面积较大的特点。

岩溶水径流条件及径流形式受碳酸盐岩的层组结构、岩溶发育程度、地质构造及地貌条件制约。在裸露的岩溶强烈发育区，岩溶水主要沿地下河以集中运流(管道流)的方式运移，多以瀑布形式泄入溪谷，并具有多级排泄基准面。在岩溶中等发育区，地下水多沿溶隙及地下河管道径流。在岩溶发育微弱区，地下水多沿溶隙运移。

岩溶水动态变化与降水关系密切。一般雨后时间不超过两天，部分地下河水位在数小时内即可达到高峰值。据以往地质研究资料，该区岩溶水流量动态不稳定系数，1979 年为 40.7~1260，而至丰水年的 1980 年，不稳定-极不稳定型(不稳定系数>1000)的地下河占总数的 80%以上。降水除使岩溶水流量变化反应敏感外，还使岩溶水的矿化度和硬度变低，并具有季节性变化。

(2)湘中、湘南及湘东地区：这些地区地壳处于相对稳定或缓慢上升状态，地形切割不强烈，存在着广阔的残积坡地，其上部一般有数米或数十米松散层。松散层具有一定的透水性，降水可通过其补给下部的岩溶水。局部低山高丘区，上部覆盖层很薄甚至无盖物，降水可直接补给岩溶水。此外，某些地区还有上覆含水层的下渗补给。本区岩溶水的补给、径流、排泄区距离较近，但畅通程度不及湘西北。岩溶水得到补给后，沿溶隙及洞管道(集中流带)向低处流动，最后以泉或地下河的形式排出地表，其动态变化幅度比湘西小。地下水旱季流量变化一般较平稳，进入雨季后，流量暴增，甚至可超过原流量值的数十至数百倍。入秋之后的大暴雨亦使泉流量产生明显高峰。湘中地区的大水煤盆地，多年来经开采疏干，发现岩溶水径流条件不断变化，矿井突水点高压放水造成的持续强大的动力水头，对岩溶充填物进行冲蚀、迁移、排出和重新再分配，使得岩溶水径流系统的过水能力不断扩大，同时疏干区岩溶水径流系统的区域性水力联系和与地表水、大气降水的连通能力也不断扩大，使矿井水量具有随大气降水强度的增加或年降水总量的增加而骤然增大的特征(斗笠山等矿区)，或具有逐年稳步增大的特征(煤炭坝等矿区)。但岩石空隙、充填物的天然堆积量和大气降水补给量毕竟有限，当岩溶水径流水束达到一定动能极限而和相应充填物重新平衡时，便可达到一定疏干水平的相对稳定，或者也可通过地表补给区防治工程削减地表水或大气降水入渗量等方法，使矿井涌水量保持稳定。

第三章

地下水资源勘查方法

找水的一般工作程序如图 3-1 所示，具体工作分为以下几个阶段：

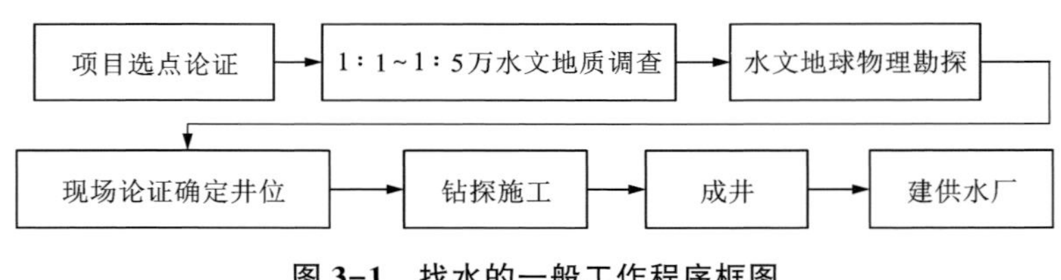

图 3-1　找水的一般工作程序框图

（1）地面水文地质调查：在充分收集研究区域水文地质资料的基础上开展野外调查，调查访问找水区居民实际用水情况、缺水人口数量及缺水程度，对工作区地层岩性、地质构造，是否有地下泉点出露，机民井水量、水质、水位等进行水文地质调查。

（2）水文物探：在地面调查的基础上，确定找水靶区及技术手段，根据地形地貌准确进行遥感及水文地质物探工作，对遥感及物探资料进行综合分析后确定岩溶地下水的富水地段及类型。

（3）水文地质钻探及抽水试验：在确定的钻探孔位上进行水文地质钻探，钻探完成后进行抽水试验，确定水量能否达到缺水要求，如果水量不能满足要求，则继续进行后续钻孔及抽水试验工作，直到满足缺水要求建成水厂为止。

第一节　地球物理方法

地球物理探测（简称物探）是使用物探方法来进行找水、找矿的一种重要地质勘探手段。它是以地下岩（矿）石间存在的物理性质差异为基础，用物探仪器设备观测天然或人工物理场的分布，用以研究地质构造，寻找地下水和矿产资源，以及解决其他地质问题的一门学科。不同的岩(矿)石具有不同的物理性质，这些物理性质的差异能引起天然场或人工物理场的差别(称为物探异常)，通过物探仪器测得物探异常，再研究异常与探测对象之间的内在联系，即可解决找水等系列地质问题。

物探找水的主要依据是含水部位与围岩地层之间存在的电性、波阻抗和放射性等物性差异，如裂隙水和岩溶水具有低阻、低速度、低密度异常特征，第四系松散层(湖南省常见的砂卵石层)中的孔隙水具有相对高阻异常特征。常用的物探找水方法主要有直流电法类、电磁法类、地震波法类、放射性方法和核磁共振方法等。理论上，任何物探方法都可以用于找水，但实际工作中还是以工作效率高、成本低、定位准确作为物探方法选择的主要依据，并优先选择熟悉的物探方法。直流电法类包括激电多参数法(电阻率 ρ、极化率 η、半衰时 Th、衰减度 D，偏离度 r)、常规电测深法、高密度电法(又称高密度电阻率法)、联合剖面法、横向电阻法、充电法、自然电场法等；电磁法类包括 EH4 电阻率成像法、CSAMT 法、AMT 法和瞬变电磁法等；放射法主要是指 α 径迹测量法；地震波法包括反射地震法、微动法等；核磁共振法是一种直接物探找水方法；重磁法主要用于探测构造格架和岩体，是间接找水方法。物探找水要针对不同的地下水类型，合理选择物探方法，基本原则如下：①孔隙水多为层状分布的，应选用垂向分辨能力较高的物探方法，如电测深法、高密度电法、浅层地震法、核磁共振法和横向电阻法等。②孔隙水和岩溶水分布不均匀，需要优选靶区的，应选用工作效率高的物探方法，如高密度电法、EH4 电阻率成像法、CSAMT 法、AMT 法、联合剖面法、瞬变电磁法和自然电场法等，必要时应配合激电多参数法等多种方法组合勘查。

物探找水方法创新是指地球物理方法在水文地质勘查领域的创新应用。中国地质大学李金铭教授长期研究直流电法找水，通过大量实验研究，从寻找金属硫化物矿床的激发极化法中，创新研究了半衰时(Th)、衰减度(D)、偏离度(r)等多种找水参数。五极纵轴直流电测深法对解决非层状地质体的探测问题有良好的效果，何胜等将其应用于寻找第四系松散层地下水，取得了良好效果，该方法具有施工方便、分辨率高、图像直观、解释简便等优势。汪青松为解决在冲洪积平原区快速评价地下水资源、确定最佳井位的难题，将砂层地球物理电性特征与水文地质含水性特征相结合，创新提出了利用水量因子法(横向电阻法)勘查评价松散层孔隙水的新方法，找水效果较好。周磊等为了解决城镇有限场地条件下的找水难题，利用等值反磁通瞬变电磁法(OCTEM)在湖南郴州市某城镇进行了野外试验，成功克服了地物和人文环境的不利影响。物探找水既要学习前人找水经验，也要结合实际情况进行方法创新。其中，与水文勘查相关的主要找水物探方法的分类与应用如表 3-1 所示。

表 3-1　主要找水物探方法的分类与应用

类别	场的种类	方法名称			基本应用情况	探测深度
直流电法	天然场	自然电场法		电位法、梯度法	测量地下水流向；查明河流、水库底渗漏点；查明地下水与地表水补排关系	小于 100 m
				测井法	确定渗透层；划分咸淡水分界线；估计地下水电阻率	小于 300 m
				选频法	确定地层中富水垂向在地表的投影位置	小于 100 m
	人工场	电阻率法	剖面法	联合剖面法、对称四极法、中间梯度法、偶极剖面法等	填图；追索断层破碎带；探测基底起伏；查明岩溶发育带	小于 300 m
			测深法	对称四极测深、三级测深等	划分水平层位；确定含水层厚度、埋深；划分咸淡水分界面；查构造；查基底埋深；查风化壳厚度等	小于 300 m
			高密度电法	温纳装置、偶极装置等	探测岩溶发育带；追索断裂构造；划分岩层	小于 300 m
		激发极化法		各种剖面法、激电测深法	厚覆盖层找水；划分含泥质地层；查溶洞、断层带	小于 300 m
		扩频激电法				小于 600 m
		频分激电法				小于 600 m
		充电法		电位法、梯度法	追索地下暗河；查坝基渗漏点；研究滑坡及测定下滑速度	小于 100 m
		测井		电阻率测井等	划分钻井剖面；确定岩石电阻率等参数	小于 300 m
交流电法	天然场	大地电磁法			查区域构造和含水构造；探测岩性接触带；寻找深部温泉及矿泉水	10000 m
	人工场	瞬变电磁法			同直流电阻率法	200~800 m
		甚低频法			查构造；填图；找水；探测断裂破碎带	小于 100 m
		可控源音频大地电磁法			沙漠、戈壁地区找水；探测地下构造；划分地层	1000 m
		广域电磁法			沙漠、戈壁地区找水；探测地下构造；划分地层	8000 m
		变频法、双频激电法			丘陵与平原区找水；填图	小于 300 m
		探地雷达法			水文工程应用；找岩溶、土洞、裂隙	小于 5 m

续表3-1

类别	场的种类	方法名称	基本应用情况	探测深度
核磁共振法	人工场	核磁共振法	寻找地下淡水；区域性水文地质调查；地下水污染监测等	小于 150 m
地震法	天然场	微动法	地层结构划分	200 m
	人工场	反射法、折射法、地震映像法	推断地下岩性与构造；确定岩层厚度、埋深、起伏等；确定断裂破碎带；探测地下含水层	小于 100 m
放射性法	天然场	γ 测量、α 径迹测量、测氡法	寻找与断裂、构造有关的基岩裂隙水	小于 100 m
磁法	天然场	地面磁测	推断地质构造；追索圈定富水花岗岩风化裂隙带和断层破碎带	小于 100 m
重力法	天然场	重力法	寻找地热与地下水；推测大溶洞的位置；预测与水文地质有关的地质构造和深大断裂	10000 m
遥感法	天然场	遥感法	圈定山前冲洪积扇；分析河网与古河床范围；划定裂隙位置	小于 10 m

物探方法种类繁多，每种物探方法均具有各自的优势和特点，但也存在一定的局限性，适用范围相对有限。只有做到物尽其用、因地制宜，才能最大限度地发挥出各种物探方法的价值和作用，达到事半功倍的效果。野外实践过程中，使用频率较高、适用范围较广的物探方法类型主要有直流电法、交流电法、地震法以及放射性法，其他如重力法、磁法、遥感法等运用相对较少，下面仅对本研究所涉及的几种地下水资源勘查中常见的物探方法或工作装置进行简要介绍。

1. 自然电场法

自然电场法是研究岩石和地下水之间产生的氧化还原电化学反应（包括在大地电流、雷电等放电过程中形成的电流场长期激励下的电化学反应），以及由地下水渗透、扩散作用、生物化学、气体交换和热电效应等产生的稳定或缓慢变化的自然电场的分布规律的物探方法。

自然电场法是最早被使用的地球物理勘探方法之一，早在 19 世纪，就有学者对和金属矿有联系的地球电场作了首次测量。1829—1843 年，拉维傅克斯第一次将自然电场法应用在翠绿砷铜矿脉上。1913 年起，斯留姆别亚斯利用自然电场法进行了一系列工作，发现在磁硫铁矿、含方铅矿和亚方铅矿的黄铁矿、含铜黄铁矿、含孔雀石化的黄铁矿和软锰矿上没有明显的自然电位异常表现。在苏联，第一个使用自然电场法进行工作的是彼得罗夫斯基教授。他于 1924 年在中国阿勒泰地区的金属矿上做了实验。1930 年，随着社会主义建设事业的发展，自然电场法被广泛地用在黄铁矿、磁硫铁矿、含铜黄铁矿和透镜状锌铜黄铁矿上。多年工作结果发现，一方面，在具有电子导电性的地质体，如黄铁矿，大多数金属矿床，硫化镍矿床，磁性矿床，石墨，无烟煤以及石墨化、碳质、次石墨质的页岩片岩分布区，黄铁矿化和磁铁化的页岩、片岩，蛇纹石化磁铁矿细脉，石英绢云母化和石英绿泥石化的片岩等矿体上都能产生明显的自然电位异常。但另一方面，在许多情况下，含黄铁矿、磁硫铁矿、黄铜矿的矿体上并不能在地表产生明显的自然电场。1980 年美国自然电场法野外工作量仅次于激电法野外工作量，占第二位，1978—1981 年在美国西部地区完成了 3000 km 以上的自电测线，对于斑岩硫化矿床而言，有效勘探深度超过 1000 m。1984 年在美国召开的 SEG 第 54 届年会上，不仅对自然电场起因作了新的探讨，而且在确定水坝渗漏方向、圈定煤田火区范围等方面作了介绍。

我国是在 1941 年开始进行自然电场法勘探工作的，当时工作人员非常少，工作亦仅限于矿区内的几条剖面。勘探对象为黄铁矿，后来在白银矿、铅锌矿、磁硫铁矿等矿床上也进行了自然电场法勘探工作。中华人民共和国成立后，由于经济建设的需要，自然电场法在更多种矿床上，进行了更大规模的探测工作。之后在硫化镍矿床、黄铁矿、块状含铜黄铁矿、细脉状含铜黄铁矿、散漫状含铜黄铁矿、铅锌多金属矿床、硫化锡多金属矿床、含铜磁硫铁矿床等矿床上都发现了明显的自然电位异常。除此之外，在绿泥石片岩、灰岩、黑色页岩、碳质板岩、黑色片岩、矿化千枚岩、硫化石榴子石等上面也观测到了明显的甚至相当强的自然电位异常。近年来，自然电场法不仅在矿产勘探方面得到了应用，而且在水文与环境方面的应用也越来越多，例如用于水库与坝体或河堤渗漏探测、地下水平面流向与流速探测、岩溶深基坑渗漏或涌水勘察等众多领域。

最近几十年自然电场法进展不大，因为该方法已经趋于成熟，但其仍具有一定的局限性，如对于强干扰工作区域抗干扰能力偏弱。该方法仪器轻便，工作效率高，所需人力物力少，适用于地形地貌复杂的山区以及水田区。可采用测剖面及测深法探测电位异常，且成果较准确可靠。

2. 电阻率法

电阻率法广义上指以电性参数为探测判别参数的所有方法，狭义上指直流电阻率勘探法，本书中的电阻率法属于狭义分类，是基于地壳中各类岩石或矿体的电学性质(如导电性、介电性)的差异，通过对人工或天然电场的空间分布规律和时间特性的观测和研究，寻找不同类型有用矿床和查明地质构造及解决地质问题的地球物理勘探方法。该方法主要用于寻找金属、非金属矿床，勘查地下水资源和能源，解决某些工程地质及深部地质问题。

电法勘探历史久远，20 世纪 20 年代，法国科学家什柳姆别尔热等创立和发展了电法勘探的理论。1924 年，苏联在著名地球物理学家彼德罗夫斯基领导下，组建了世界上第一个电法勘探队，并开展了多种电法方法的试验和研究，为推动电法勘探的发展做出了重要贡献。随着电子仪器水平的发展，野外观测装置逐步出现了以应用电阻率偶极测深法、电阻率温纳测深法、电阻率三极测深法、电阻率对称四极测深法、电阻率联合剖面法、电阻率对称四极剖面法、电阻率中梯剖面法为主的野外装置类型。20 世纪 70 年代末期，英国人设计了电测深偏置系统（即高密度电法的最初模式）。20 世纪 80 年代中期，日本借助电极转换板实现了野外高密度电法的数据采集。20 世纪末期，我国开始研究高密度电法及其应用技术，并从理论方法和实际应用的角度进行了探讨和完善，现有中国地质大学、吉林大学（原长春地质学院）、重庆有关仪器厂家研制的几种仪器，高密度电法也因其采集数据效率高的优势而成为浅层 100 m 以内主要的勘探方法。

电阻率法具有利用物性参数多，场源、装置形式多，观测内容或测量要素多及应用范围广等特点。施工中可分为剖面法和测深法，现行的电阻率法技术标准有《电阻率剖面法技术规程》（DZ/T 0073—2016）和《电阻率测深法技术规程》（DZ/T 0072—2020），剖面法与测深法原理一致，但是剖面法主要用于采集大比例尺面积性工作，采集数据时装置参数保持不变（如常用的中间梯度装置扫面工作），而测深法主要针对剖面按照选定的装置类型变换极距探测不同深度条件下岩石矿物地层的电场特征响应。剖面法与测深法的测量装置都有对称四极、联合剖面、三极装置、五极装置等，联合剖面法是电阻率剖面法的一种，其测量装置由两个对称的三级装置（AMN 与 MNB）组合而成，可通过观测 ρ_s 曲线形态特征来判断一定深度内地层结构分布特点与变化规律，具有异常幅度大、灵敏度高、分辨能力强和异常曲线清晰等优点。其缺点是由于存在无穷远极，装置笨重，效率低，而且受地形影响大。联合剖面法较其他电剖面法具有更丰富的地质信息，故在水文和工程环境地质调查中获得了广泛的应用。对称四极和五极装置一般用于测深，其中对称四极视电阻率双对数曲线在我国野外工作中得到广泛应用；五极纵轴直流电测深法对解决非层状地质体的探测问题有良好的效果，具有施工方便、分辨率强、图像直观、解释简便等优点。

3. 高密度电阻率法

高密度电阻率法是一种阵列勘探方法，其基本原理与传统的电阻率法完全相同，实际上是结合了电剖面法和电测深法。它以岩、土导电性的差异为基础，研究人工施加稳定电流场作用下岩、土中传导电流分布规律。野外测量时只需将全部电极（几十至上百根）置于观测剖面的各测点上，然后利用程控电极转换装置和微机工程电测仪便可实现数据的快速和自动采集。高密度电法与传统电阻率法相比，具有成本低、效率高、信息丰富和解释方便等优点，主要体现在以下方面：①电极布设是一次性完成的，不仅减少了因电极设置引起的干扰和由此带来的测量误差，而且为野外数据快速和自动采集奠定了基础；②能有效地进行多种电极排列方式的测量，从而获得较丰富的关于地电断面结构的地质信息；③数据的采集和收录全部实现了自动化，不仅采集速度快，而且避免了人工操作引起的错误。高密度电阻率法目前是最常用的物探找水方法，具体的供电观测系统有温纳装置、施伦贝尔装置等。

4. 激发极化法

激发极化法(induced polarization method，IP)，又称为激电法，是根据岩石、矿石的激发极化效应来寻找金属矿床，解决水文地质、工程地质等问题的一组电法勘探方法。它又分为直流激发极化法(时间域激发极化法)和交流激发极化法[频率域激发极化法(SIP)]，我国目前常用的双频激电法即为交流激发极化法。激发极化法常用的电极排列有中间梯度排列、联合剖面排列、对称四极测深排列、固定点电源排列等。

1920年，法国地球物理学家施伦贝格在金属硫化物矿床上首次进行了时间域的IP测量，但受限于当时的仪器探测精度问题，没有取得较好的效果。15年后，美国和苏联的地球物理科技人员又开始了IP研究。1950年之前，所有的激电法都采用时间域测量。20世纪50年代，我国从苏联引入时间域激电法。到20世纪60年代，我国引入变频激电法后，又将变频激电法称为交流激电法，而将前者称为直流激电法。1950年秋，J. R. Wait在亚利桑那州成功进行了频率域激电法第一次野外试验，并全面论述了该方法的原理和野外试验结果，被称为“变频法之父”。20世纪60年代起，我国张赛珍等通过翻译国外文章，介绍变频法，随后多家单位纷纷研制变频激电仪。

我国激电法的试验研究和推广，始于20世纪50年代末60年代初，早期是以直流(时间域)激电法为主，剖面装置多为中间梯度，测深装置多为对称四极，测量技术采用长脉冲或双向短脉冲，通过长期应用与研究取得了许多重要成果。其中，由中国地质科学院地球物理地球化学勘查研究所等单位研制成功的远点启动激电仪，将长导线革新为短导线，这是一大进步，对开展中梯装置的激电法面积性普查具有重要实际意义。另外，中国地质大学(武汉)研究推出的近场源激电法，在提高二次场信号和减轻装备方面起到了明显作用。由于常用直流(时间域)激电法的装备比较笨重，且断电后的二次场易受外界电磁干扰，为了提高激电法的抗干扰能力和减轻装备，20世纪70年代我国从McPhar公司先后引进了P660和P670变频激电仪。与此同时，国内也开始研制相关仪器(青海物探队、广东物探队、上海地质仪器厂、物探研究所等)，并于1974年提出了样机。

1975 年在江西举办的交流激电法学习班，对促进这一方法的发展起到了积极推动作用。同年年底在湖南进行的交、直流激电法对比，进一步说明了交流激电法在某些方面的优越性。

长期以来存在的异常区分问题和引进交流激电法后出现的电磁耦合问题，颇受人们的关注。为解决异常区分和电磁耦合这两大难题，20 世纪 80 年代初，我国开始对频谱激电法进行研究。1983 年，我国引进了 IPS-3 频谱激电仪系统，之后通过大量工作取得了不少有价值的成果。与此同时，时间域频谱激电法也得到了进一步发展。随着电子技术的不断进步，国内研制、生产的激电仪因具有较好的功能价格比，在基层单位得到了较广泛的应用，其中包括北京地质仪器厂生产的 DWJ 系列微机激电仪，重庆地质仪器厂生产的 DJS 系列微机激电仪，重庆奔腾数控技术研究所研制的 WDJS-1 型直流激电接收机和 WDJF-1 型幅频激电仪，山西平遥县卜宜水利电探仪器厂生产的 JJ 系列积分式激发电位仪，地质矿产部机械电子研究所研制的 MIR 系列多道微机激电仪，中南大学研制的 S 系列双频和三频激电仪，成都理工大学研制的变频激电仪等。在国外，激电仪的研制与生产也取得了较大进展，其中包括加拿大 Scintrex 公司的 IPR-12 激电/电阻率仪，加拿大 Phoenix 公司的 IPV 系列激电仪，法国 Iris 公司的 Elrec-6 型激电仪等。另外，可进行激电测量的多功能电法仪也不断被推出，其中有美国 Zonge 公司的 GDP-16 和 GDP-32 多功能电法仪，加拿大 Phoenix 公司的 V 系列多功能电法仪等。探测深度经验证的双边三极测深装置可探查到 500~600 m 的深度，一般情况下有效探测深度在 300 m 以内。常用的仪器有大功率激电仪、双频激电仪等。数据采集方式由原来的长导线测量发展为收发仪器分离的段导线测量，测量参数也由传统的电阻率和极化率发展为多参数评价。目前也有人研究其在环境监测、污染物监测等方面的应用机理，但还没有在实际中应用。

5. 充电法

充电法是人工直流电法的一种，它的工作对象是导电性良好或者较好的矿体、地下水等良导体。在良导体露头上接上供电电极的一个极(一般是正极)作为充电点，另一个极安置在离矿体(良导体)足够远的地方(称为“供电远极”或“无穷远供电电极”)，使其影响可以忽略不计。通电时这个矿体(良导体)就成为一个带电体，电流流入矿体周围岩石中即形成电流场(简称电场)。我们可以通过在地表、钻孔和坑道中测得这个电场的分布，并对此电场特征进行分析，解决地质找矿(地下水通道)等有关问题。有时充电点也可以安置在矿体附近的围岩中，根据矿体对点源电场的影响来寻找附近围岩中的盲矿体，称为“围岩充电法”。从严格意义上讲，在围岩中充电的方法不是充电法，但由于它是随着充电法的发展而产生的，工作特点很相似，因此习惯上仍将它作为充电法的一种。

充电法最早由 Schlumberger 在 1920 年提出，20 世纪 50 年代以后开始被广泛应用到导电性良好的金属矿和水文、工程地质调查中。在此期间，充电法的应用及资料解释均得到了极大的发展。国内对充电法的应用也可以追溯到20世纪50年代，但是直到进入80年代，其才得到较快的发展，并先后被用于岩溶地下水管道探测、金属矿勘探等方面。在追索地下暗河、探测岩溶含水通道和连通性方面，相比其他物探方法，充电法具有野外工作方式灵活、数据处理流程简单直观、定位准确率高等特点。随着水文地质和工程地质的需要，充电法开始越来越多地在寻找地下水和岩溶含水管道或裂隙带中得到应用。我国自20世纪50年代开始，在岩溶地区修建了大量水利工程，但是在岩溶发育强烈的西南地区，岩溶水库的渗漏问题普遍存在，不仅影响了水库的正常蓄水，也危及水库的安全及稳定运行。虽然利用其他地球物理方法也可以对水库渗漏情况进行探测，但大功率充电法具有信号强、抗干扰能力强、分辨率高、效率高等优点，可以在较大范围内对地下岩溶含水通道发育情况进行追踪；同时，“多源”的大功率充电法测量相比“单源”能更好地排除假异常的干扰，从而确定异常的分布特征。因此，本书尝试利用多源大功率充电法对岩溶含水通道进行定位，以期为岩溶区地下含水通道探测和渗漏水库治理提供可靠的依据。充电法是20世纪20年代初应用于地质勘探工作的(Schlumberger，1920，1932)，之后得到迅速发展。我国自中华人民共和国成立后不久就开始应用充电法，较著名的专著是1962年从苏联翻译过来的《乌拉尔黄铁矿型矿床的充电法电法勘探》一书，国内研究则以中国地质调查局自然资源航空物探遥感中心的何裕盛老先生为代表，以他发表的专著如《充电法》及十余篇学术论文为研究顶峰，直至目前，野外探测充电法理论变化不大。充电法是一种快速、简便、准确、有效的物探找水方法，一般利用已知地下水露点(泉眼)和已知井充电，对追踪控水断裂构造带效果较好。

6. 双频激电法

双频激电法是由中南大学何继善院士提出的一种频率域激电观测方法。它的基本原理是通过发送机向地下同时供入包含高、低两个不同频率信号的电流，接收机同时检测两个频率电流的极化特性。由于采用同步、实时观测方案，该方法具备轻便灵活、观测精度高等优点，可使设备重量大大减少，在同等精度条件下的装备总量是传统方法的1/10~1/3，因而可作为西部特殊地貌区高效面积性探测方法技术。

双频激电法是对变频法的重要发展。双频道激电法的核心是同时供入含有高、低两种频率的双频电流，同时测量高、低两种频率的电位差，从而得到幅频率。在该方法研究起始阶段，研究人员研制成了一台包含0.3 Hz和3.9 Hz的双频电流发送机，利用这台发送机发送双频电流，并用自制的变频仪接收机分别接收高、低频电位差，进行水槽和野外试验，都取得了成功，极大地增强了研究人员的信心。随即设计了双频接收机的线路图，将仪器分为共同通道、高频通道、低频通道、逻辑控制电路和数字显示电路五部分。其中共同通道设计了两种方案，由王学慧、曹家驹各测试一种方案，田成方负责数字电路。第一台双频激电仪于 1978 年初研制成功，这是世界上第一台双频激电仪，由于是测量双频振幅，被命名为双频道幅频仪。与变频法相比，双频激电法具有一系列本质性的优点，主要体现在以下几个方面：①供双频电流，发送机可以不必稳流；②同时测双频电位差，精度高；③双频信号是同时供电和测量，抗干扰能力强；④不需要改变频率，效率比变频法提高了一倍，而且还可以一台发送机供电，多台接收机测量，更大幅度提高效率；⑤在相同条件下，供电电流只有时间域的 1/5。这些优点的总和，使得双频激电法具有其他方法无法比拟的优越性，因而具有很强的生命力。在仪器研制方面，1983 年发明了抗耦双频激电仪，它可以自动去除感应耦合；1987 年发明了 F-1 频域(谱)双频激电仪，它可以提供从 0.028 Hz 到 32 Hz 的一系列双频波，测量双频振幅和相位的实分量和虚分量，既可以只作双频激电测量，又可以做频谱激电；20 世纪 90 年代发明了“伪随机信号双频激电仪”。与此同时，进行了一系列理论和技术研究，主要包括双频激电的特殊非线性现象研究、双频激电自动消除感应耦合的研究、双频激电的野外工作方法和技术研究、双频激电的野外工作规范编制等。因此形成了比较完整的方法体系，并被定名为“双频道双频激电法”(简称“双频激电法”)。双频激电法充分发挥了频率域激电法的优点，因此，在全国除台湾外的各省区市均得到了推广应用，并发现了一大批矿产，包括金、银、铜、铅、锌、锰、镍、钼以及煤田。此外，其还在勘查地下水和解决工程问题中得到了成功应用。1995 年，我国“双频道激电法及其应用研究”项目获得国家科技进步二等奖。1996 年，科技部“九五”技术攻关项目“大功率深部双频激电勘查系统的研究”和“伪随机电磁法及多功能仪器研制”下达。中南大学研制了大、中功率发送机，并研究了相应的方法技术，使双频激电的探测深度超过 500 m。而伪随机信号双频激电仪可以同时提供多个频率，并进行多参数测量。前者被科技部评为“九五”攻关优秀项目，后者于 2002 年获有色系统科技进步奖一等奖。2000 年 3—4 月中国地质调查局组织了多个单位包括各种方法的 10 多种仪器在北京延庆县石槽铜矿的三条已知剖面上进行对比试验。试验结果表明，双频激电法发现的异常不但与地下情况吻合得很好，而且轻便、快速、精度高、抗干扰能力强。根据对比实验结果，从 2000 年到 2004 年，中国地质调查局将双频激电法作为有效的找矿方法进行了示范实验。2000 年指定在海拔 4000 m 的祁连山南段的甘肃省石居里矿区开展高山区的“快速普查方法示范”，在一个月的时间内超额完成了野外任务；2001 年选择云南丽江和云南中甸海拔 3800 m、相对高差达 1500 m 的热带雨林开展“高山区的快速普查方法示范”，在 45 天内完成了野外任务；2002 年又选择西藏驱龙矿区海拔 5000 m 左右的无人区(部分为雪山)进行“特困地区快速普查方法示范”，在 18 个工作日内完成了野外数据采集，圆满完成了设计任务。此外，国家地调局还选定安徽庐龙桥铁矿、甘肃金川矿区、新疆土屋矿区0号剖面作为深部探矿能力的实验区。这些示范和实验区均已按时、保质、保量完成相关工作，取得了非常好的地质效果，而且上述示范均比变频法节省了1/2~2/3的时间。

7. 测井

测井是利用岩层的电化学特性、导电特性、声学特性、放射性等地球物理特性，测量地球物理参数的方法，属于应用地球物理方法之一。进行石油钻井时，在钻到设计井深深度后必须进行测井，又称完井电测，以获得各种石油地质及工程技术资料，并当作完井和开发油田的原始资料。这种测井习惯上称为裸眼测井。而在油井下完套管后所进行的二系列测井，习惯上称为生产测井或开发测井。其发展大体经历了模拟测井、数字测井、数控测井、成像测井四个阶段。

1927年Conrad Schlumberger和Henri Doll发明测井时，法国人将其译为carottage electrique(electrical coring)，区别于mechanical coring，狭义上的测井是指岩芯、井壁取芯和岩屑分析的代用品或补充。近年来，该方法已拓展应用于石油地震勘探、水文工程地质调查等领域，引起了国内外的重视。与发达国家相比，我国的地下物探技术基本上已形成系列，这是我国的一大特色。笔者介绍近年来金属矿相对成熟与推广应用的井中(坑道)激发极化法、井中(坑道)充电法、地-井TEM法、井中三分量磁测法、地下(包括井中和坑道)电磁波CT法、井中声波CT法及金属矿地球物理测井法等技术研究及应用取得的重要进展，旨在对金属矿地下物探技术创新成果进行较全面的总结，以期展望这些方法技术未来的发展方向。

在矿床地球物理领域，20世纪60—80年代，井中磁测法、井中激发极化法和井中电磁波法在我国铜、铅锌、镍、铬等矿产勘查中的应用得到较快发展，在判断地面异常性质，找寻井旁井底隐伏矿体并推定其位置、延伸、边界产状等方面发挥了特有的重要作用。20世纪80—90年代，其他一些地下物探方法，包括井中脉冲井中物探方法、井中低频感应电法、井中深部充电法、井中声波法等也在我国金属矿勘查中得到应用，并在一些地区取得了良好的应用效果。从20世纪90年代开始，有色系统针对新疆铜、镍、铅、锌、金5个矿种，系统梳理了近100个钻孔所处的地质-地球物理条件和所需解决的地质问题，确定了以井中TEM法、深部多源充电法、井中激电法为主，辅之以激电法、电阻率法和自然电位测井等方法的组合，在部分钻孔还投入了井中三分量磁测的研究与实践，在方法理论和找矿效果方面，均取得重大进展，为我国金属矿地下物探开创了新局面，确立了地下物探在金属矿勘探中的重要地位，并迅速得到推广运用。自国家实施新一轮国土资源大调查以来，金属矿领域的地下物探勘查方法得以迅速发展，方法技术呈现出多样化的特征，主要表现为应用范围不断扩大，以及新技术、新方法的综合应用不断深入。经多年努力，地下物探方法已初具规模，应用的有效性不断提高，特别是在矿业基地深部和外围找矿评价中，凸显出独特优势，成为寻找深部隐伏矿床的重要手段。

8. 瞬变电磁法(TEM)

瞬变电磁法(time domain electromagnetic method，TDEM 或 TEM)是以不接地回线源通或接地电偶源以脉冲电流激励大地后，观测地下感生的二次电流场的一种探测方法。它可以在一次脉冲电流间断时(50%占空比)测量其产生的一系列二次感生电流随时间变化的值，也可以在电流方波反向时(100%占空比)测量其产生的一系列二次感生电流随时间变化的值。由于二次场从产生到结束的时间短暂，且是不断衰变的，故称为“瞬变”。由于瞬变电磁法研究的是导体内涡流的过渡过程，观测是在脉冲间隙进行的，因此不存在一次场源的干扰。又由于脉冲是多种频率的合成，不同延时观测的主要频率成分不同，相应时间的电磁场在地下传播速度不同，因而勘测的深度不同。

瞬变电磁法在西方的研究始于 20 世纪 50 年代，苏联、美国、加拿大、澳大利亚等国的地球物理学家在基础理论、应用技术等方面进行了深入研究，并开展了大量应用实验工作，特别是苏联在 20 世纪 70—80 年代开展过大面积的测量工作。进入 80 年代后，瞬变电磁法得到了迅猛的发展，其应用领域进一步拓宽，广泛应用于油气勘探、矿产勘查、工程勘察、环境调查、考古探测、军事探测等诸多领域。在仪器设备方面也取得很大进展，一些著名的地球物理公司相继推出不同类型、用于不同领域的 TEM 仪器。

瞬变电磁法是探测铜多金属硫化矿床的重要方法之一，在国外深部找矿勘查中，地-井瞬变电磁法已成为常规勘查方法。加拿大的 CRONE 地球物理探矿公司每年都用 PEM 瞬变电磁仪做几万米的地-井瞬变电磁测量工作。加拿大萨德伯里(Sudbury)铜镍矿采用地-井瞬变电磁法先后发现了 1280 m 深处的林兹里(Linsley)矿体和埋深超过 2400 m、矿石量达 1800 万～3600 万 t 的维克多(Victor)富铜镍矿床。另外，加拿大还利用地-井瞬变电磁法在已开采的矿床下 1200～1500 m 深处发现了一处高品位的底板矿床。

目前瞬变电磁探测技术的新进展主要体现在仪器方面，国外仪器有 CRONE 公司生产的 DigitalPEM、GEONIC 公司生产的 PROTEM、PHOENIX 公司生产的 V8、ZONGE 公司生产的 GDP-32，国内仪器有中国地质科学院地球物理地球化学勘查研究所研发的 IGGETEM-20、长沙白云仪器开发有限公司生产的 MSD-1、吉林大学生产的 ATEM 系列、西安强源物探研究所研发的 EMRS-2、北京有色金属研究总院研发的 TEMS、重庆奔腾数码研究所研发的 WTWM 系列，以及最近几年中南大学和湖南五维地质科技有限公司共同研发的 HPTEM 系列瞬变电磁仪。数据处理和解释方法的研究进展相对较慢，一维反演和二维电阻率成像是较成熟、实用的方法，目前仍是瞬变电磁资料的常用解释手段。二维或三维瞬变电磁反演解释方面仍处于探索研究阶段，离实际应用还有相当长的距离。瞬变电磁法具有如下优点：①由于施工效率高，纯二次场观测以及对低阻体非常敏感，瞬变电磁法成为当前煤田和水文地质勘探中的首选方法；②瞬变电磁法是在高阻围岩中寻找低阻地质体最灵敏的方法，且不受地形影响；③采用同点组合观测，与探测目标有最佳耦合，异常响应强，形态简单，分辨能力强；④剖面测量和测深工作同时完成，可提供更多有用信息。瞬变电磁法也存在一些缺点和不足之处，如对浅层的垂向分层能力不强，资料处理解释目前还不太完善，大多为定性解释，定量解释技术还不成熟等。

9. 大地电磁法

大地电磁法(magnetotelluric, MT)是以天然电磁场为场源来研究地球内部电性结构的一种重要的地球物理方法。当交变电磁场在地下介质中传播时，由于趋肤深度的作用，不同频率的信号具有不同的穿透深度，在地面观测大地电磁场，其频率响应将反映地下介质电性的垂向分布情况。

在实际应用中，依据探测频率的不同，大地电磁法可分为普通大地电磁法(频率范围一般为 0.001～360 Hz)和音频大地电磁法(频率范围一般在 0.1～50 kHz)，两种探测方法野外施工基本相同，只是磁感应探头有所区别。

苏联学者 A. N. Tikhonov 于 1950 年提出了三点设想：①大地电磁场本身结构虽然比较复杂，但可以近似看作平面波垂直入射到地球；②在地电学中可引入阻抗的概念(在地表测得的彼此正交的大地电场和磁场分量之比)，它反映了地球电性分布对大地电磁场的影响；③有可能利用单个点上的大地电磁场观测信息探测地球。

1953 年，法国学者 L. Cagniard 发表了一篇有关大地电磁法的论文，他假设天然电磁场以平面波形式垂直入射均匀各向同性层状大地表面，并给出了大地电磁场的解。

根据仪器采集系统、资料处理和管理方式，大地电磁法的发展可分为三个阶段：

(1)手工量板阶段：20 世纪五六十年代，起步阶段。该阶段采用模拟信号、标量阻抗、手工量板法。

(2)数字化阶段：20 世纪 70 年代至今。该阶段采用张量阻抗、计算机自动正反演技术；新的观测方式，如远参考道、EMAP 等；先进的资料处理方式，如 Robust 方法、张量分解方法等。

(3)可视化阶段：正在兴起。该阶段国外出现了 Geotools、WinGLink 可视化软件，国内有多家单位在从事该项研究，但未能形成规模化推广。

根据理论研究对象的复杂程度，大地电磁法的发展也可分为三个阶段：第一阶段是 20 世纪 50 年代至 20 世纪 80 年代；第二阶段是 20 世纪 90 年代至今；第三个阶段正在蓬勃兴起。

10. 可控源音频大地电磁法(CSAMT)

可控源音频大地电磁法(controlled source audio-frequency magnetotellurics)简称CSAMT。根据使用的场源数目和观测的场分量的多少，CSAMT法可分为张量CSAMT、矢量CSAMT和标量CSAMT三种。张量CSAMT使用两组正交场源，对每个场源测量5个场分量(E_x、H_y、E_y、H_x、H_z)；矢量CSAMT使用一个场源，测量5个场分量；标量CSAMT仅观测一个场源的两个正交的切向分量。在一般的地质情况下，面积性标量CSAMT可以取得良好的效果，且较为简便、快速、经济，因此获得了广泛的应用。

可控源音频大地电磁法是在天然源大地电磁法基础上发展而来的，由于天然场源具有随机性且信号微弱，MT法很难准确记录和分析野外数据。为克服MT法的这个缺点，加拿大多伦多大学教授D. W. Strangway及其学生Myron Goldstein提出了利用人工(可控)场源的音频大地电磁法(CSAMT)。这种方法使用接地导线或不接地回线作为场源，在波区测量相互正交的电、磁场切向分量，并计算卡尼亚电阻率，以保留AMT法的部分数据解释方法。自20世纪70年代中期，CSAMT法得到实际应用，一些公司相继生产用于CSAMT法测量的仪器和应用解释软件。进入80年代后，该方法的理论和仪器得到很大发展，应用领域也扩展到普查、石油勘探、天然气勘探、地热勘探、金属矿产勘探、水文、工程、环境保护等各个方面，成为一种受人重视的地球物理方法。

11. 广域电磁法

广域电磁法(wide field electromagnetic method，WFEM)是在CSAMT基础上，由中南大学何继善院士提出的，其在国际上首次严格从电磁波方程出发，率先将几何(观测系统)和物理(电磁感应)参数全部考虑在内，定义了在任意位置都正确的广域视电阻率参数，结束了人工源频率域电磁法沿袭大地电磁法视电阻率定义40多年的历史；可在不限于“远区”的“广大区域”进行测量，颠覆了人工源频率域电磁法只能在“远区”测量的思路，是目前正在发展并逐渐完善的一种新的深地探测方法。

广域电磁法是21世纪初发展起来的电磁探测技术。该方法采用人工场源，从电磁场精确的(非近似的)表达式出发，严格定义了广域电磁法视电阻率参数，改善了非远区的畸变效应，使得测深能在广大的、不局限于“远区”的区域进行，在同等收发距条件下勘探深度更大。该方法继承了广域电磁测深法使用人工场源的优点，也继承了磁偶源频率测深法非远区测量的优势；改良了CSAMT法远区信号微弱的劣势，拓展了观测适用的范围，同时摒弃了磁偶源频率测深法(MELOS法)的校正办法；使用适合于全域的公式计算视电阻率，保留了计算公式的高次项，大大拓展了人工源电磁法的观测范围，提高了观测速度、精度和野外效率。该方法已经在我国能源、金属与非金属等矿产资源勘查、水文、工程、环境、地质灾害调查，以及常规和非常规油气压裂实时电磁监测等领域得到广泛应用。

12. 核磁共振法

地面核磁共振(nuclear magnetic resonance，NMR)找水方法，又称地面 NMR 测深，该方法主要应用核磁感应系统(nuclear magnetic induction system，NUMIS)实现对地下水资源的探测。地面核磁共振方法是能直接找水的地球物理方法。核磁共振是磁矩不为零的原子核在外磁场作用下，自旋能级发生塞曼分裂，共振吸收某一定频率的射频辐射的物理过程。在地磁场中，氢核以拉莫尔频率绕地磁场旋进，地面铺设线圈后，通入拉莫尔频率的交变电流，氢核受到其磁场影响，开始向该磁场垂直于地磁场的方向运动，切断线圈电流之后，氢核回到早些时刻的稳定状态，同时接收到 NMR 信号，它的包络线呈指数规律衰减，NMR 信号的强弱或衰减快慢与水中质子的数量直接相关，即 NMR 信号的幅值与所探测空间内的自由水含量成正比，NMR 法即以此为依据找寻地下水。与其他地球物理方法相比，NMR 法的优点在于其对地质条件的适应性广，能够在复杂的地质结构中获取有效的信息。

13. 遥感法

遥感法是一种有效的找水技术，特别是在干旱地区，它可以帮助确定地下水的分布情况，并且可以减少传统找水工作的风险和盲目性。通过分析遥感图像中的植被特征，可以推断出地下水的分布和流动方向。例如，在干旱区，生长茂盛的喜水植被群落可能预示着地下水的浅埋与溢出。利用遥感技术对植被覆盖度进行定量提取，再结合地形等因素，可以进一步提高找水的准确性和效率。

除了植被分析，遥感技术还可以用于监测地表水体的变化，从而推断地下水的补给情况。例如，通过对巴彦布拉格地区多时相遥感资料的分析发现，呼吉尔湖水接受了深层地下水补给。这些信息对于指导干旱区的水资源管理和开发具有重要意义。

此外，遥感技术的应用还可以扩展到其他领域，如环境监测、灾害评估等。通过与其他地球物理方法，如磁测技术、电测技术、地震探测技术等相结合，遥感技术可以提供更全面的地表和地下信息。因此，遥感法是一种非常有潜力的方法，对于解决水资源短缺问题和促进可持续发展具有重要作用。

14. 微动法

微动法是从微动信号中提取瑞利面波的频散特性，通过反演频散曲线得到各层的横波速度，进而根据不同岩性地层横波速度的差异来推测各地层的分布的一种地球物理勘探方法。地球上人类活动和各种自然现象引发的微弱振动称为微动，它是一种由体波和面波组成的复杂振动，其中面波能量占微动总能量的 2/3 以上，信噪比高，在分层的地层中会携带很多地层介质信息。因为面波在一定时空范围内满足统计稳定性，因此可从观测到的微动信号中提取面波的频散曲线，通过对频散曲线的反演来推断地壳浅部的横波速度结构。该方法野外观测设备简单，施工方便快捷，可通过测量大地的三分量振动信息分析场地的固有周期，根据单站测量分析得出的 H/V(不同频率地震背景噪声的水平分量与垂直分量的比值)特征频率及谱形态来推断大地的地质结构和振动状态，已广泛应用于地热勘查，在寻找岩溶水方面也有很好的效果。

15. 地震映像法

地震映像法即高密度地震单道反射，是一种采用等偏移距或零偏移距进行激发和接收，记录来自反射界面近法线或法线反射信号振幅和走时的浅层地震反射波法。地震波在向地下传播过程中，遇到阻抗界面时，会产生反射波返回地面，当地下介质分布均匀，无空洞和软弱层等不良地质体时，反射同相轴连续稳定；若存在不良地质体，则有可能发生绕射，出现同相轴错断、拱起、反相位、波周期变化及振幅异常等现象。地震映像法是近年来用于探测浅部介质中纵、横向不均匀体(构造、岩溶、破碎带等)的有效方法，是一种利用人工激发的地震波在弹性性质不同的地层内的反射规律，研究在小偏移距条件下不同介质的反射特性，从而探测浅部介质中纵、横向不均匀体(如构造、岩溶、破碎带等)的物探方法。地震映像法具有数据采集方法简单、震源要求简单、工作效率高、地形影响小等优点，但也存在抗干扰能力相对较弱和勘探深度有限的缺点。

16. 放射性氡气测量法

放射性氡气测量法是一种放射性地球物理勘探方法，广泛应用于寻找断裂构造、岩溶勘查、环境监测等领域。氡(Rn)是自然界中唯一的天然放射性惰性气体，易溶于水，具有垂直向上的运移特性，属于天然铀放射系列，是铀、镭衰变的子体。由于氡有很强的向上运移能力，因此，活动断层、岩溶、裂隙和破碎带等成为地下氡气向上运移的良好通道。此外，由于氡是惰性气体，在运移过程中基本不会与其他物质发生反应，因此在地表测得的高浓度氡气异常可较为准确地反映地下地质体的结构特征和裂隙发育情况，从而指导寻找地下水。放射性氡气测量法是射气测量的一种，它是利用测氡仪测量土壤空气、大气和水中氡及其子体浓度的一类方法，具有数据采集方法简单、工作效率高、地形影响小的优点，但也存在有效信号相对较弱、信号不太稳定等缺点。放射性氡气测量法主要运用于寻找断裂构造、岩溶探测、环境监测及地下水资源勘查等领域。

第二节　富水情况分类、物探方法选择及异常特征反映

湖南境内地下水类型主要有松散岩类孔隙水、红层碎屑岩裂隙孔隙水、碳酸盐岩裂隙-岩溶水、断层破碎带基岩裂隙水 4 种。针对不同类型的地下水资源，

选择合适有效的物探方法进行勘查，是成功找水的关键。选择正确的物探方法，可以大大缩短找水时间，节约找水成本，提高找水效率和准确率，从而达到事半功倍的效果。

电法以地下岩土介质的电性差异为物质基础，技术相对成熟且较为简便。通常，若富水部位与围岩体存在电性差异，一般会优先选用电法。常规电法有效勘探深度相对较浅，主要用于浅部地下水勘查以及扫面工作。而电磁法勘探深度较大，可达几百至上千米，多用于深部地下水资源勘查以及异常垂向分辨等领域，如温泉和矿泉水勘查。

当富水部位与围岩体电性差异不太明显时，电法已无太多使用价值。此时，可以使用其他物探方法，如放射性氡气测量法和地震映像法在寻找岩溶裂隙和断层构造等领域尤为有用。

放射性氡气测量中，由于活动断层、岩溶、裂隙和破碎带等为地下氡气向上运移提供了通道，因此在地表测得的高浓度氡气异常可较为准确地反映地下地质体的结构特征和裂隙发育情况。

在地震映像法测量中，由于在断层点或岩性突变点会产生绕射波，故在地震映像图上会出现明显的双曲线型同相轴，而在岩溶裂隙发育带，弹性波在不均匀介质中传播时会形成散射波，故在地震映像图上反映为相位出现紊乱畸变的特征。因此，放射性氡气测量法和地震映像法均可用于间接寻找地下水。

此外，由于水与其他低阻体存在电化学性质差异，可采用激发极化法准确分辨出低阻异常到底是地下水还是其他物质引起的。

下面针对湖南境内 4 种主要的地下水类型，该如何选择合适的物探方法来勘查进行分析介绍：

1. 松散岩类孔隙水

松散岩类孔隙水主要分布在河谷地带和滨海平原，地下水主要赋存在第四系冲积、冲洪积、海积堆积层中，岩性为砂砾卵石，含泥砂、中细砂、亚黏土、淤泥等。在湖南境内往往分布在湘、资、沅、澧流域及其支流的河谷沿岸，比如常德市鼎城区等地段，一般在第四系砂卵石相对高阻中探寻地下水。

2. 红层碎屑岩裂隙孔隙水

红层主要包括砂岩、粉砂岩及泥岩等碎屑岩，其裂隙孔隙水主要分为 3 种赋存状态，即泥岩和砂质泥岩层中的风化裂隙溶孔水、砂砾岩层中的孔隙裂隙层间水，以及灰质砾岩中的裂隙岩溶水等。受岩性的影响，红层一般含水较弱，水源贫乏，且含水量分布极不均匀。但在特定的地质地貌条件下，可呈现局部富水地段，即所谓“贫中有富”。泥质成分少且粒度粗的块状砂岩地段、透水断层及褶皱带、降雨汇集条件好且植被相对发育的低洼地段为红层中相对富水的有利地段。此外，红层中钙质胶结的岩性，在其他地质因素的影响下，易形成溶蚀裂隙甚至溶洞，为地下水的相对富集带。

红层岩性电阻率总体较低，围岩与富水部位电性差异很不明显，因此，在红层中找水时，电法使用得相对较少，而激发极化法、地震映像法等其他物探手段运用得相对较多，特别是激电测深法，在红层找水中发挥着至关重要的作用。但是某些特定环境下，也可根据实际情况有针对性地选择高密度电法或电磁法进行综合勘查。

3. 碳酸盐岩裂隙-岩溶水

勘查碳酸盐岩裂隙-岩溶水时，由于富水部位与碳酸盐岩的电阻率差异明显，高密度电法的使用概率最大。但当碳酸盐岩地层中有泥灰岩或其他泥质成分夹层时，由于泥灰岩、泥质成分等与地下水的电性差异不太明显，为了准确分辨出低阻异常是由地下水还是泥灰岩或其他泥质成分引起，也需采用激发极化法等其他手段进行综合勘查。特别是放射性氡气测量法，在寻找岩溶、裂隙，实现间接找水时作用很大。

4. 断层破碎带基岩裂隙水

勘查断层破碎带基岩裂隙水时，主要根据地层岩性来选择合适的物探方法。由于富水的断层破碎带电阻率较低，若围岩为碳酸盐岩或花岗岩等高电阻率岩性，则它们之间的电性差异明显，主要采用联合剖面法和高密度电法来进行勘查；若围岩为泥灰岩或粉砂岩等低电阻率岩性，则它们之间的电性差异通常不太明显，需采用激发极化法、地震映像法、放射性氡气测量法等其他手段来进行综合勘查。当勘查深度相对较深（达几百米深度）时，则主要采用电磁法进行勘查。

运用地球物理手段勘查地下水资源，主要以地下水体与背景体存在较大的物性差异为前提。物探种类多样且各具特色。其中，电法主要依据电性差异，地震法主要依据波速差异，激发极化法主要依据电化学性质差异，放射性法主要依据放射性差异。物探找水勘查中，针对不同的地质、水文、地形地貌条件和勘探深度，可选用合适的物探方法组合来进行综合勘查。野外勘查中，准确识别和判断不同物探方法的异常特征，是找水成功的关键。不同的物探方法具有各自的异常特征，例如，联合剖面法曲线的“低阻正交点”和“同步低”异常区域，高密度电法和电磁法剖面的“V”形低阻异常区域，充电法电位曲线的极值点或梯度曲线的零点，电测深曲线的下降拐点和上升趋势平缓区域，激发极化法曲线的“低阻高极化”异常区域，放射性氡气测量曲线的极值区域，以及地震映像法时间剖面的错断紊乱异常区域。在野外物探勘查中，上述异常特征均可能指示地下水的富集地带和分布范围，当多种物探方法互相验证且比较吻合时，排除其他干扰因素影响后，异常特征就具备了明确的地质意义，可有效指导对地下水资源的勘查。

第三节　相关新方法

随着探测仪器电子设备的进步，各类物探方法层出不穷，下面简要介绍几种常见的物探新方法。

1. 等值反磁通瞬变电磁法

近年来，中南大学和湖南五维地质科技有限公司联合研发了等值反磁通瞬变电磁法(HPTEM)，该方法巧妙采用了特殊对称线圈采集装置，选取在一条纵轴线上下平行的两组一致的线圈同时发射逆向电流，在该双线圈源合成的一次场零磁通平面上，产生方向相反、数值相同的电磁场，能有效消除一次场干扰，从而对地中心耦合的纯二次场进行观测，实现了消除收发一体天线互感技术突破，有效地解决了传统电磁法存在探测盲区的技术难题，实现了从浅部(0~100 m)到深部的有效连续探测，具有施工方便、效率高等优点。

2. 扩频激电法和频分激电法

近年来，中南大学在传统双频激电法基础上，提出了扩频激电法和频分激电法。其中，扩频激电法是一种通过向大地发送扩频 m 序列，对测点电位信息进行接收测量的新型频谱激电法，由于 m 序列具有类似于随机信号的宽频谱特性，扩频激电法可以实现一次发射，同时获得多个频点复电阻率信息，通过计算视极化率、相对相位等参数来进一步分析异常。频分激电法是一种通过向大地的多对供电点同时发送不同频率信号，并对测点不同频率的电位信息同时进行接收测量的新型激电法，由于每对供电点所发射的信号频率不同，频分激电法可以实现一次发射，同时获得多对供电点的激电信息，通过计算不同频率的视电阻率、视极化率、相对相位等参数快速分析电阻率和激电异常。

3. 天然电场选频法

天然电场选频法(简称选频法)是以天然电磁场为工作场源，以地下岩矿石电性差异为基础，测量天然电磁场在地表产生的电场水平分量，从而研究地下地电断面的电性变化，解决有关水文地质工程地质问题的一种交流电勘探方法。自20世纪80年代以来，该方法在地下水资源勘探、矿山水害调查、岩土工程勘察等领域取得了较好的效果。该方法由音频大地电磁法(AMT)演化而来，所采用的工作频率为 n Hz~1.5 kHz。它是由我国学者提出来的，到目前为止未见到国外相关研究文献。该方法由于场源很复杂，所以一直缺乏系统的理论研究，但与其他物探方法相比，该方法在实践应用中又具有快速简便、易于操作、成果直观等优点，因此逐渐得到了广泛应用和发展。

4. 水量因子法(横向电阻法)

水量因子法又称横向电阻法，淮北冲洪积平原区孔隙水资源很丰富，但是各处钻井出水量相差很大，如何确定最大出水量钻井位置是一个难题。汪青松根据含水砂层粒径越粗电阻率越高的物性特征（K形电阻率测深曲线）和含水砂层粒径越粗孔隙越大透水性越强的水文地质特征，提出了利用横向电阻评价松散层孔隙水的水量因子法。根据电阻率测深曲线可计算横向电阻，横向电阻等于测深点砂层厚度与该层电阻率的乘积，横向电阻越大，出水量越大，故称之为水量因子，它是一种物探与水文地质融合的找水参数。横向电阻能够客观反映含水层厚度与粒径对出水量的联合贡献，消除电测深电阻率曲线分层反演时层厚和电阻率的误差影响。分层反演拟合电阻率测深曲线时，含水砂层厚度和电阻率数值始终是变量，如果含水砂层厚度与电阻率的乘积不变，电测深拟合曲线就不会发生变化，这说明其具有很高的拟合精度，而这种高拟合精度与地层真正的厚度无关。利用该方法评价松散层富水性具有方便、快捷、准确可靠的优点。

5. 激电多参数法

目前应用的激电参数较多，如表征岩石激发极化的极化率和充电率参数，表征岩石激发极化放电快慢的半衰时和衰减度参数，还有激发比、相对衰减时和偏离度等综合参数，这些参数的选取与不同的地质体和不同的仪器有关，实验表明，极化率（η）、半衰时（Th）、衰减度（D）对岩溶地下水勘查具有较好的表征效果。偏离度（r）是中国地质大学李金铭（1993）通过大量样品观测总结提出的一种激电找水参数。实验表明，含水岩石放电曲线的数学模型，可用对数直线方程进行描述。所谓偏离度，系指实测结果与直线方程的偏离程度。李金铭教授研究认为，当岩石含水量增加时偏离度减小，即含水量加大时衰减曲线偏离于“理想直线”的程度变小，因此偏离度是激电找水新的有效参数。

第四章 / 地下水物探工作模式及步骤

开展物探找水工作前，应系统梳理区域地质、赋水类型等情况，仔细观察和分析勘查区的地形地貌、地层、岩性及构造发育情况等相关信息。比如，区内是否存在主要控水断层构造，区内是岩溶地层还是红层碎屑岩地层，区内是背斜部位还是向斜部位等。在此基础上，再大致确定找水靶区和方向，明确找水思路和步骤，然后有针对性地选择合适的物探方法逐步开展找水工作。下面介绍物探勘查找水过程中的基本思路和主要步骤。

第一节　寻找断层及其影响带地下水

断层及其影响带是地下水汇集、存储和运移的主要通道，是勘查区内富水潜力相对最大的地段，也是物探找水的主要方向和目标。因此，在进行物探找水之前，有必要对勘查区内的断层类型、性质、分布规律等特征进行综合分析研究，在此基础上确定好物探找水靶区，再有针对性地选择合适的物探方法和手段进行勘查。

1. 适宜作为找水方向的地段

下列与断层有关的地段富水较为有利，具有寻找地下水的潜力，可作为物探找水的靶区。

(1) 张扭性断层破碎带及其两侧的断层影响带均可能富水，而压性断层及其破碎带透水性均较差，一般含有断层泥，常形成阻水断层，这类断层的上、下盘影响带裂隙却相对发育，富水性明显增强，可作为找水方向。

(2) 较大、较深断裂，较新和活动断裂，以及充填少、胶结弱的断裂，富水可能性相对较大。此外，连通较大含水层或地表水体的断裂，富水性较强，是找水的主要构造。

(3) 断裂的交会、复合与转折部位，富水性通常较好。如两条或多条断层交叉、交会或复合部位，主干断裂与分支断裂的交会复合部位等。

(4)紧密褶曲的轴部和陡翼，常伴生有断层和裂隙发育，从而使岩层的透水性和含水性明显增强，因此，褶曲轴部、陡翼或褶曲与其他断层的复合交接部位，常常是相对富水带，可作为找水方向。

(5)各种断层的上盘影响带较下盘影响带，往往岩石破碎且裂隙发育，当寻找断层地下水时，一般把上盘影响带作为主要的找水地段。

(6)各种断层的影响带，位于地下水流向上游一侧的，补给条件往往较好，可作为找水的主要方向。此外，当断层两盘岩性不同时，若脆性岩位于地下水流上游，而柔性岩位于下游，则十分利于富水，找水方向集中在脆性岩一侧。

2. 不宜作为找水方向的地段

下列地段尽管与断层关系较为密切，但并不太利于地下水的富集，不宜作为找水方向。

(1)压性和压扭性断层的中心部位，断层泥较发育，一般不富水。

(2)各种断层破碎带内，如果断层泥、糜棱岩或片岩等含量较高，通常不富水。

(3)压性断层或其他阻水断层的上盘或下盘，若位于地下水流下游，一般不宜作为找水方向。此外，当断层两盘岩性不同时，若柔性岩在地下水流上游，而脆性岩位于下游，则非常不利于富水。

(4)断层两盘岩层倾向与山坡坡向相反时，补给汇水条件往往太差，一般不富水。

因此，利用断层寻找地下水时，必须对区内断层有全面深刻的认识和分析，不能一见到断层就盲目定井，而应该实事求是、因地制宜，做到具体问题具体分析。

断层(特别是张扭性断裂)及其影响带，是地下水汇集、存储和运移的主要通道，故其为物探找水的主要方向和目标。寻找断层及其影响带地下水的物探方法以电法和电磁法为主。其中，电法多采用联合剖面法和高密度电法，当异常目标体深度较大时，一般采用电磁法(如CSAMT、EH4等)进行勘查。此外，当异常目标体与背景场的电性差异不太明显时，则应使用地震映像法、放射性氡气测量法等其他手段进行综合勘查。

第二节　寻找岩溶、裂隙、破碎带地下水

当工作区内断层构造不发育时，物探找水的主要思路和目标就变成寻找区内对富水相对有利的裂隙和破碎带等。在含碳酸盐岩地区，寻找区内岩溶裂隙发育带亦是物探找水的主要方向。

岩溶、裂隙、破碎带等异常体，其发育深度通常相对较浅，异常深度大多在

200 m 以内。因此，物探找水方法以常规电法和瞬变电磁法(TEM)为主，并辅以地震映像法和放射性氡气测量法等其他手段。其中，常规电法又以高密度电法和激电测深法运用最为广泛。此外，在寻找和追索富水岩溶通道的走向时，充电法有着其他方式无可比拟的巨大优势，往往能够达到事半功倍的效果。

电磁法(如 CSAMT、EH4 等)多用于深部异常体勘查，如寻找温泉和矿泉水等，其在岩溶、裂隙、破碎带等较浅异常体勘查中运用得相对较少。

第三节　寻找孔隙地下水和层间裂隙地下水

当勘查区内断层构造不发育且为非岩溶区时，特别是碎屑岩地区，物探找水难度通常较大。在这类地区，物探找水的目标主要为寻找覆盖层内的孔隙水以及不同地层之间的层间裂隙水。

孔隙地下水主要分布在碎屑岩和第四系覆盖层相对较厚的地区，层间裂隙地下水则分布在不同地层的接触带附近，如果碎屑岩底部含有灰质砾岩层，则层间裂隙水往往非常丰富。

寻找孔隙地下水和层间裂隙地下水时，物探找水方法以电法为主，多采用高密度电法和激电测深法进行综合勘查。利用激电测深法可获得不同深度岩土介质的电性及电化学参数，从而推断出垂向上的地层结构特征和异常深度位置等信息。此外，由于水与其他低阻物质存在电化学性质差异，利用极化率参数可准确区分低阻异常到底是“水”还是“泥”。因此，在红层碎屑岩地区，采用激发极化法配合高密度电法进行综合找水的效果十分显著。

第四节　物探找水思路及模式总结

古语有云，不打无准备之仗，方能立于不败之地。因此，首先，在开展物探找水工作之前，应详细了解勘查区内的基本地质情况，包括水文条件、地形地貌、地层岩性、地质构造等相关信息，综合考虑上述各种因素后初步确定物探找水的大致靶区和方向。其次，在找水靶区基础上分析区内是否存在断层构造，特别是富水较有利的张扭性断裂及背斜核部等。若区内有断层构造，则物探工作应优先围绕断层构造展开；若区内断层构造不太发育，则物探工作目标应为寻找区内赋水相对较有利的裂隙、破碎带，如背斜和向斜的轴部及两翼等。此外，岩溶地区目标异常还包括岩溶裂隙，而碎屑岩和第四系覆盖层较厚的地区，物探找水的难度相对较大，其主要方向变为寻找下伏孔隙及层间裂隙等可能赋水的相对有利部位。最后，在确立了物探找水思路和大致步骤的基础上，有针对性地选择合适有效的物探方法进行勘查，最终实现物探勘查找水的目标(图 4-1)。

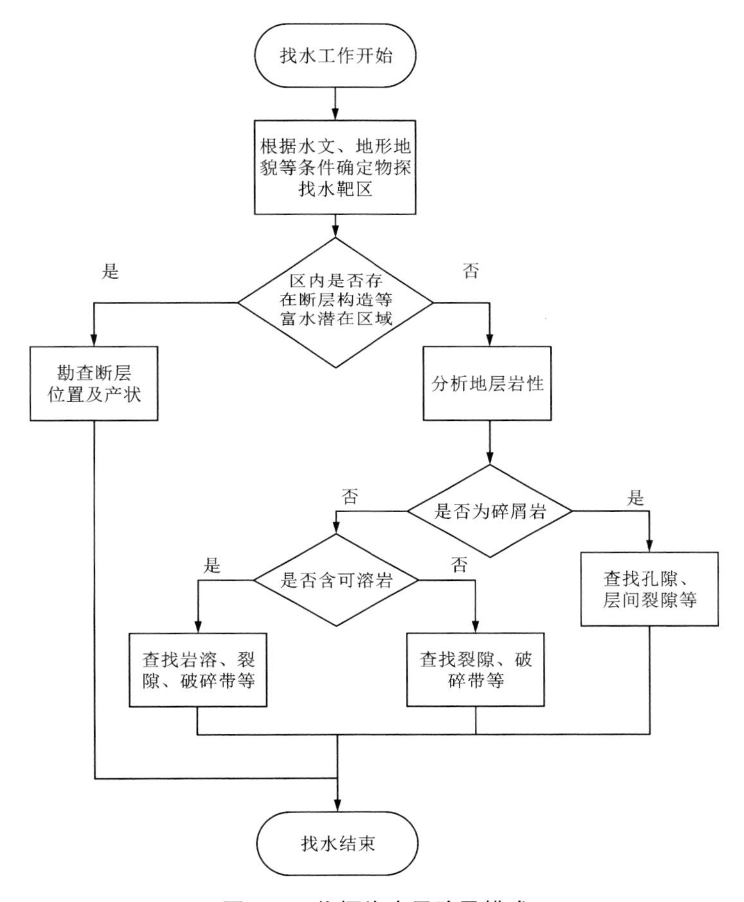

图 4-1　物探找水思路及模式

总之，物探找水工作是一项复杂而艰巨的科学任务，应遵循由已知到未知、由点到面、由简单到复杂的工作原则。此外，在野外工作实践中还应注意以下几个方面：

(1)物探工作应先剖面再测深。应先利用各种剖面法确定异常在平面上的大致位置，再在异常附近进行测深等工作，在验证和确认异常的同时，还可以获得异常在垂向上的发育情况及分布位置等信息。

(2)物探方法的选择要有针对性和适用性。根据不同的地质条件和地下水类型选择正确和合适的物探方法，不仅是成功找水的关键，还可大大提高找水工作的效率，甚至达到事半功倍的效果。

(3)物探应实现多方法、多参数综合应用。多参数信息之间不仅可以相互对比验证，还能有效排除各种干扰，提高确定富水异常的准确率，从而大大提高勘查找水的成功率。

地下水资源是人口聚集区发展最为重要的资源，湖南省内水系发达，但分布不均衡，且不同地州市区的水资源类型有所不同，总体可分为四类，即松散岩类孔隙水、红层碎屑岩裂隙孔隙水、碳酸盐类裂隙-岩溶水和断层破碎带基岩裂隙水。向斜构造轴部及两翼、背斜构造轴部及两翼、张扭性断裂及其影响带、由厚砂岩粉砂岩等组成的向斜部位、第四系覆盖层较厚的基岩洼地和可溶岩与非可溶岩接触部位靠近可溶岩一侧是探寻地下水的地质结构靶区，且大部分地下水因与矿物质离子活动关系密切而具有激发极化效应，这些靶区与周围岩体一般具有明显的电性、弹性、极化差异，具备电法、地震法和激发极化法使用的前提条件，因此近年来利用核磁共振技术实现了对地下水的直接探测，相关文献已有所述。

第五章

松散岩类孔隙水探测实例

第一节 湖南省松散岩类分布特征

松散岩类以碎屑岩为主，碎屑岩主要分为泥类岩和砂类岩两大类，两者的水文地质特征不同。湖南省松散岩类主要分布在洞庭湖平原和湘、资、沅、澧等河流湖泊沿岸，其主要为新生代和古近系的陆相碎屑岩，岩性以紫红色泥质粉砂岩和粉砂质泥岩为主，泥类岩和砂类岩在区内各大小盆地均有广泛分布。湖南省松散岩类孔隙水分布见图5-1。

1. 泥类岩地层水文地质特征

泥类岩主要是泥岩、页岩和砂质泥岩等，其矿物颗粒小、孔隙小，孔隙水多为结合水，属饱和水。该类地层裂隙多数闭合，无地下水存储空间，含水量极少。因此，该类地层属天然隔水层，雨水难以入渗补给地下水，导致此类地层分布区地下水极度贫乏，基本不具备找水的地质条件。

2. 砂类岩地层水文地质特征

砂类岩按其成分颗粒大小可分为砾岩、粗砂岩、中砂岩、细砂岩、粉砂岩和泥质砂岩等。该类地层含水量主要取决于岩石孔隙的大小，是否存在裂隙发育，以及孔、裂隙胶结和填充情况如何。通常情况下，岩石孔隙大，裂隙发育，且孔隙、裂隙胶结与充填状况差，则地层透水性好，含水空间也大，地下水相对较多，反之亦然。

砾岩、粗砂岩和中砂岩的矿物颗粒较大，则其孔隙也往往较大，且其岩性较脆，在构造应力的作用下，裂隙通常较为发育，其中的孔隙、裂隙不易胶结与填充，空间相对较大，往往能汇集一定量的地下水；细砂岩、粉砂岩和泥质砂岩的矿物颗粒很小，结构较为致密，且其为韧性岩层，在构造应力作用下，裂隙通常不太发育，且其中的孔隙、裂隙易被填充，很难存在较大的含水空间，故地下水

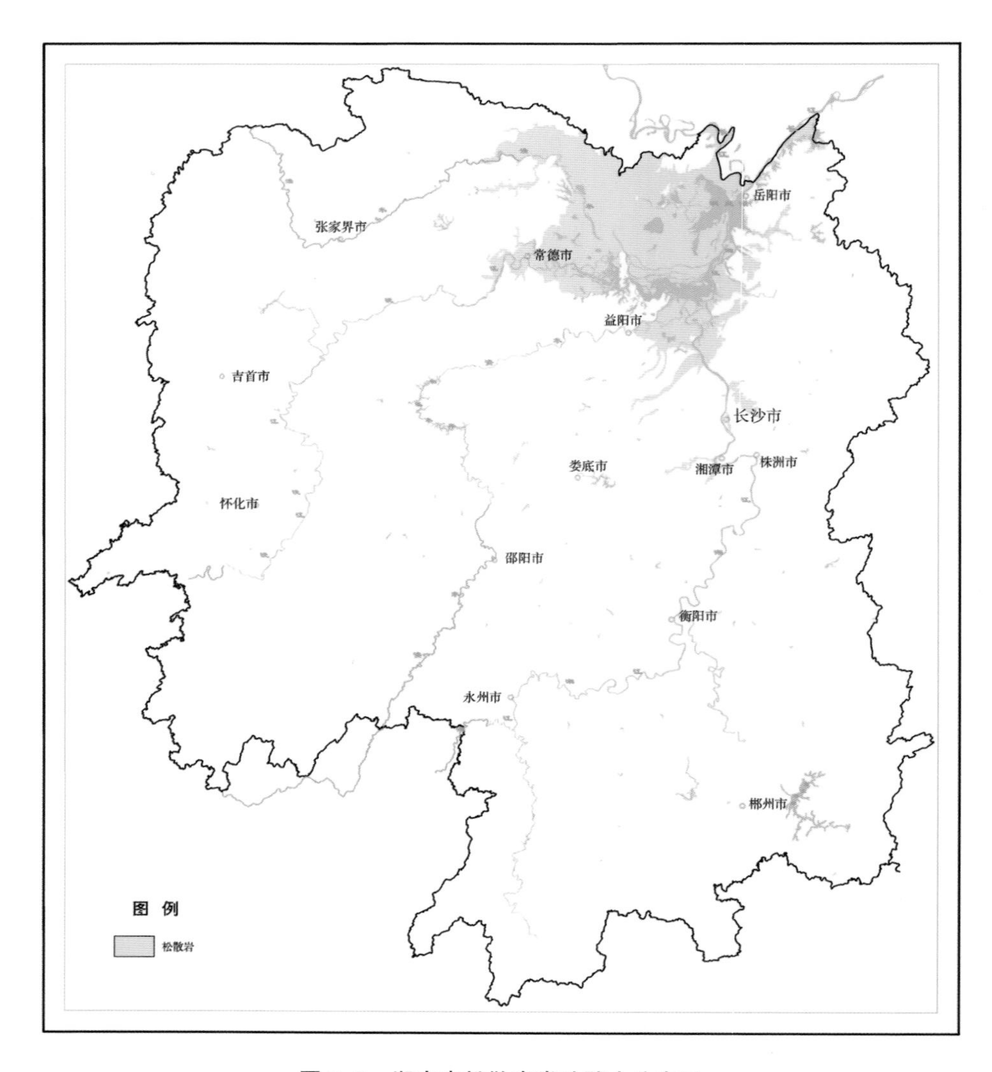

图 5-1　湖南省松散岩类孔隙水分布区

赋存极少。因此，砂类岩的砾岩、粗砂岩和中砂岩通常具备找水条件，而细砂岩、粉砂岩和泥质砂岩基本不具备找水条件。

3. 碎屑岩地区主要含水类型

碎屑岩地区含水类型主要有孔隙含水、裂隙含水和层理含水等。其中，构造裂隙和层理裂隙是碎屑岩地区地下水富集、存储和运移的主要空间，其发育和填充程度往往决定着该地区地下水含量的多少。因此，较为发育的构造裂隙与岩相显著变化层面上发育的层理裂隙通常是碎屑岩地区找水的首要对象和目标。

第二节　松散岩类地区找水思路

松散岩类地区找水的总体思路：首先通过地面地质调查，详细分析区内的地层岩性与构造裂隙分布情况，大致确定区内硬脆性粗砂岩、砾岩分布范围以及不同岩性显著变化部位。然后根据不同岩性的电性差异，采用电法等物探手段进行勘查，获得下伏地层空间分布特征等相关地电场信息。最后在具备赋水条件的中高阻粗砂岩或砾岩地层中，找到相对低阻的裂隙发育位置，或者从高阻到低阻过渡带找到岩相显著变化的层理发育带，从而间接找到含水构造裂隙或含水层理裂隙，最终实现在碎屑岩地区找水的目标。

第三节　松散岩类地区找水实例

一、常德市津市市小渡口镇雁鹅湖村

1. 地层和赋水特征

本研究区属于洞庭湖湖区，第四系广泛分布，未见有基岩出露，据前人资料，隐伏于中更新统之下的汨罗组、华田组厚度大，岩性以砂砾石层、砂、砂质黏土等为主，区域厚度可在 210 m 以上，该套地层含孔隙承压水，水量丰富，单孔涌水量为 1000~5000 m^3/d，渗透系数为 3.5~80.0 m/d，水质属重碳酸钙镁型，地层中除铁离子含量偏高之外，水质良好，含水层分布面积广，可作为供水水源开发利用。

2. 地球物理特征

从地球物理特征角度，第四系结构大致可划分为两大类：①黏土与粉细砂及其互层，电性特征为相对低阻；②中细砂与砾石及其互层，电性特征为相对高阻，若砾石成分含量高，则为高阻，反之，若以中细砂为主，则为低阻。但本区内各地层之间的电阻率差异相对较小，需要根据探测仪器分辨率和找水地区具体情况进行不同岩性地层电阻率表征范围的划定。

3. 地球物理探测剖面

该实验剖面位于津市市小渡口镇雁鹅湖村附近，近南北向分布，总长度为 1800 m。利用高密度电阻率法对该剖面进行探测，点距为 10 m，2019 年 7 月 23 日至 2019 年 8 月 9 日开展并完成物探野外工作，探测结果见图 5-2。

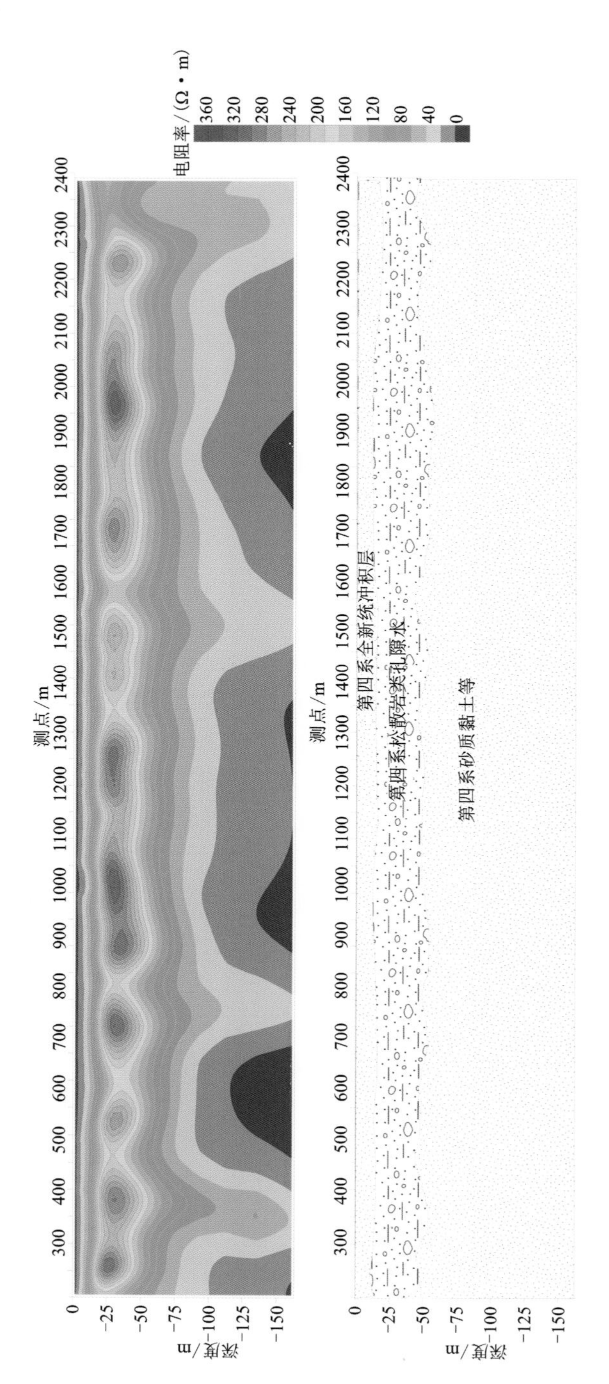

图 5-2 常德市津市小渡口镇雁鹅湖村典型物探剖面和地质解释图

探测结果表明，该探测区域呈明显的层状特征，依据湖南省不同类型地下水分布典型模式图(图 2-1)，图 5-2 中的顶部近地表为黏土、砂质黏土，含水情况为上层滞水、包气带水；普遍发育的残积、坡积物及局部地区发育的洪积、冰积物，富水性差；中部为相对高电阻率地层，推断为砂砾石层，是本区域含水较为丰富的地层，部分地区赋水类型为承压水，水质相对较好，但部分砂卵石层中的地下水富含铁离子成分，这些成分可能会沉淀在孔隙中，形成絮状褐色物，若要作为居民生产生活用水，则应经过一定的处理措施才能够正常使用；探测剖面为低阻特征，推断为第四系砂质黏土等，由于在洞庭湖区，周围补给水源很丰富，特别是常德市津市市小渡口镇雁鹅湖村，其位于洞庭湖盆地凹陷区域，周围丰富的水源经过汇集下渗到砂卵石下部的地层中并局部富集，呈现出与地表电阻率相近的特征。

二、常德市白鹤镇卸甲洲村

1. 地层和赋水特征

本研究区位于常德市东北部，未见有基岩出露，第四系全新统广泛分布，厚度为 1.0~9.5 m，河漫滩区为灰、灰黑色粉砂质黏土、黏土质粉砂及粉细砂层，冲沟中为黏土、碎石、砂砾石及块石等松散堆积物。隐伏地层为第四系中更新统洞庭湖组，以灰、灰褐、黄灰、深灰色砂砾石层为主，夹灰、灰褐、灰黑色黏土和砂。地层顶部为灰-灰黑色粉砂、粉砂质黏土；中部基本为一套砂砾层，下方为砂层，厚度为 10.5~60.3 m，赋水性较好；底部有古近系枣市组(E_1z)，该组以紫红色块状泥岩为主，夹紫红色泥质粉砂岩、粉砂质泥岩，局部夹细粒含砾长石石英砂岩透镜体及砾岩透镜体。含砾砂岩中砾石含量为 7%~10%，砾石大小一般为 1~3 cm，为不规则形态，成分以泥岩为主，含少量砂岩、脉石英和硅质岩，赋水性一般。

2. 地球物理特征

本研究区近地表 200 m 以内的地层地质体电阻率整体偏低，第四系主要为耕植土和粉质黏土，大部分区域含水丰富，电阻率很低；部分地区为砂卵石层，呈现局部高阻特征，但往往含水量丰富；深部古近系枣市组相对砂卵石层呈低阻特征。

3. 地球物理探测剖面

该实验剖面位于常德市白鹤镇卸甲洲村，是湖南省地质调查所承担的“湖南省常德市城市地质环境综合调查评价”项目中为提供水文孔位置而布设的。利用高密度电阻率法对该剖面进行探测，点距 10 m，2018 年 6 月完成物探野外工作，探测结果见图 5-3。

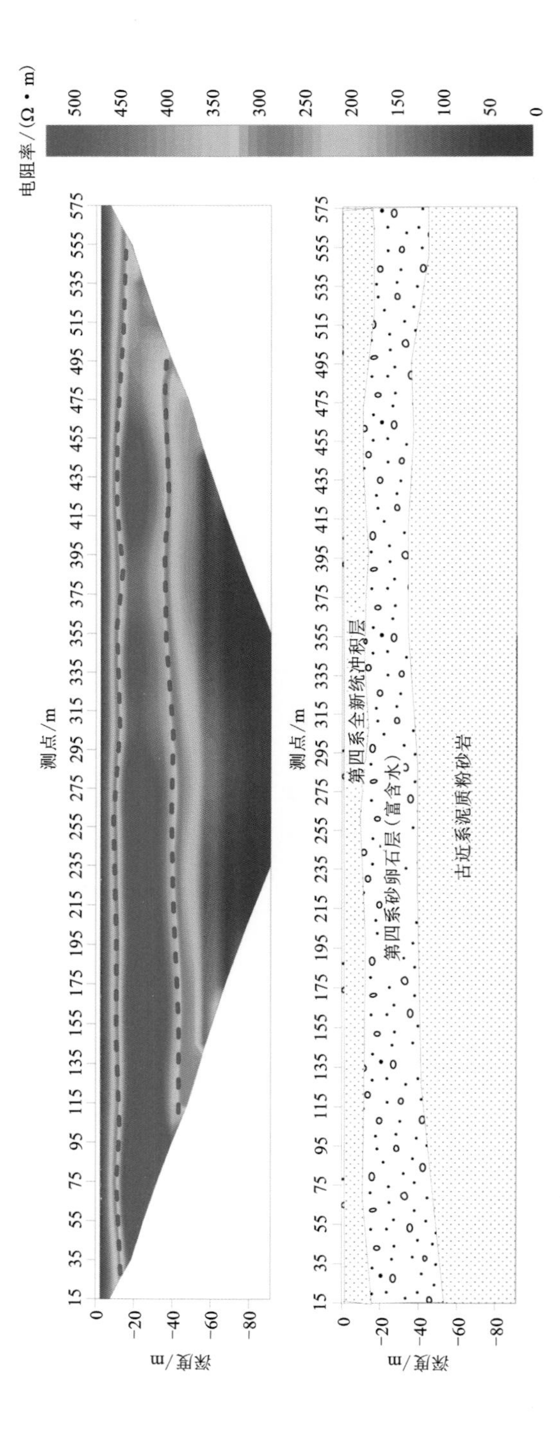

图 5-3 湖南省常德市白鹤镇卸甲洲村物探典型剖面与地质解释图

物探剖面按电性分型可分为3层，在层状介质中可以判定为K形地层，即$\rho_{上}<\rho_{中}$且$\rho_{中}>\rho_{下}$型；依据电阻率断面，浅层厚度在地表下0~10 m，电阻率在180 Ω·m左右，中间层电阻率为100~510 Ω·m，深度为10~50 m，底部电阻率为80 Ω·m以下，延伸较深。本地区的测线岩性的电性界面梯级带变化较快，说明岩性界面较清晰。

表层相对低阻推断为黏土层和中粗砂层所致，厚度较小，一般为10~15 m，下伏高阻层推测为砂卵石层，厚15~25 m，含孔隙裂隙水。底部低阻层推测为泥质粉砂岩和粉砂质泥岩等，局部夹粉质黏土，厚度较大。

第六章 / 红层碎屑岩裂隙水探测实例

第一节　湖南省红层分布特征

红层指在侏罗纪、白垩纪干热气候条件下形成的以泥质和粉砂质岩石为主的岩层，因呈红色而得名。湖南省的红层主要分布在省内80余个大小盆地中，总面积为43467 km^2，占全省面积的20.5%。这些红层分布区不仅是湖南省的主要粮食产地，还是人口集中区域。

具体来说，湖南省的红层分布可以分为3个主要区域：湘北区、湘西区和湘东区。湘北区红层以洞庭盆地为主，除了桃源、常德、石门、临澧一带有较大出露外，大部分伏于第四系之下，受到NNE至NE向弧形构造的控制，属新华夏系构造一级沉降的沉降盆地。湘西区则以沅(陵)麻(阳)盆地为主，呈NE向延伸，受NE向至NNE向弧形构造控制，属新华夏系构造一级沉降带的次级沉降区，区内以山相砂砾、角砾岩为主，颗粒相对较粗。湘东区以衡阳盆地为主，在茶陵、水兴、醴陵、攸县、株洲、湘潭、长沙、平江等一系列山间盆地广泛分布，各盆地多呈NNE向，属新华夏系构造一级沉降带的次沉降区，区内主要为山相砾岩、砂岩、三角相砂砾岩。红层的含水条件较差，因此这些区域被认为是典型的干旱区。

1. 红层水文地质特征

红层主要由砾岩、砂岩、粉砂岩、黏土质粉砂岩、黏土岩或泥质页岩组成，有时夹杂有灰岩结核，红层的地质年龄相对较小，经历的地壳变动相对较少，褶皱不剧烈，产状平缓。红层地下水主要由裂隙水构成，部分风化裂隙含水层呈现孔隙水特性。红层裂隙、孔隙均不太发育，储水容积小，地形岗沟起伏，除少量降水渗入外，大量降水呈地表径流排走，因而含水性差，是严重的缺水区。湖南省红层碎屑岩裂隙水分布区见图6-1。

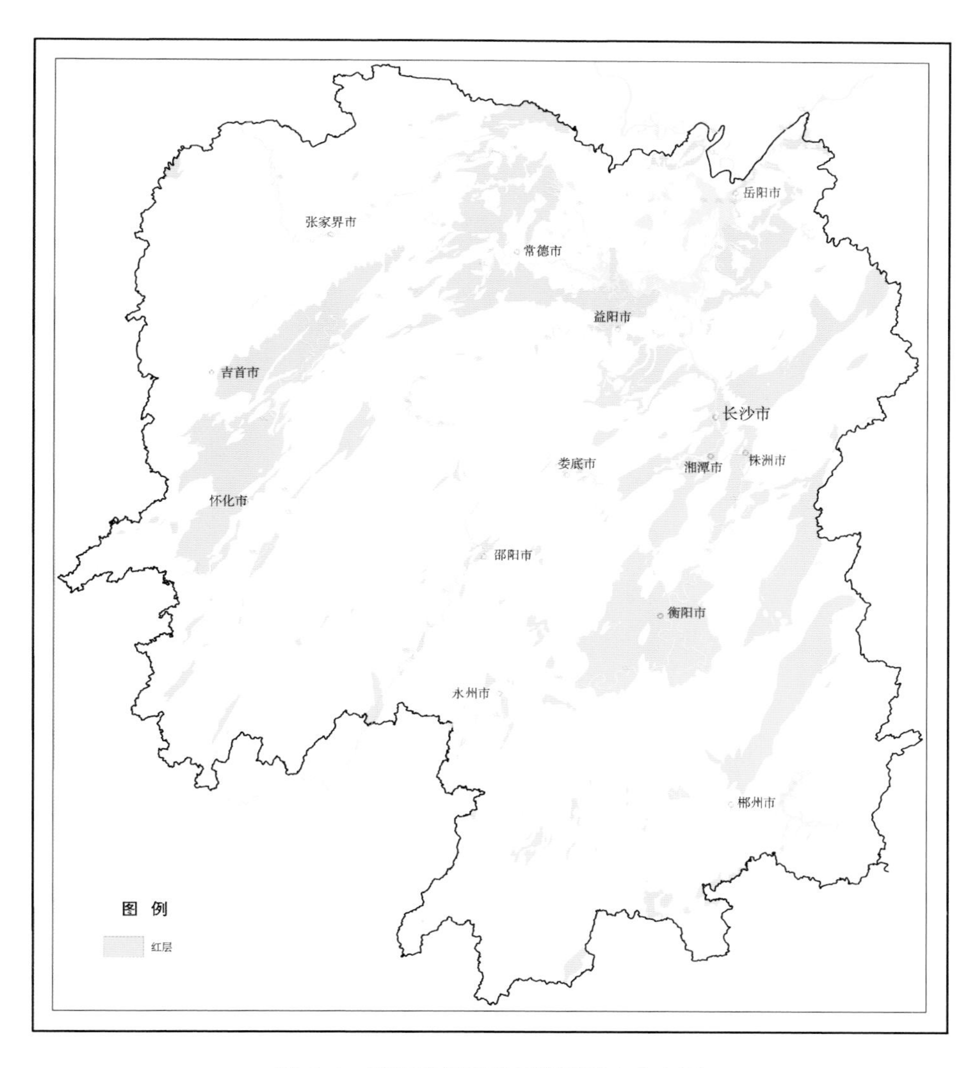

图 6-1　湖南省红层碎屑岩裂隙水分布区

2. 红层区主要含水类型

红层地下水受岩性控制，大致可分为孔隙裂隙水、裂隙溶隙水、层间孔隙裂隙水三类。孔隙裂隙水在泥质和铁质胶结的砾岩、砂岩等含水层，主要分布在北部衢县组，水量一般较贫乏，单井出水量多小于 10 t/d；裂隙溶隙水在砂岩、粉砂岩等含水层，主要分布在南部，水量较丰富，单井出水量可达 10~20 t/d；层间孔隙裂隙水在砂岩、粉砂岩等含水层，水量较丰富。此外，红层地下水还可以分为红层风化带裂隙水与红层浅层承压水两类。广布红层的丘陵地区的风化带裂隙水，不仅受地层岩性、地貌条件及风化带特点的控制，而且以埋藏于浅部的潜水为主，泉、井普遍水质良好。

第二节 红层地区找水思路

在红层地区，地下水主要在构造破碎带、隐伏断裂、地层接触带及层间裂隙中赋存、富集。红层盆地地下水主要受构造控制，地下水勘查和评价应以盆地内红层构造变形特征研究为基础，红层盆地向斜、单斜、盆缘及断层发育部位是有效的地下水储集区。所以红层地区找水主要以上述赋水构造为目标体，采用地球物理方法进行探测评价，并结合水文地质条件、补给源进行综合研究。

第三节 红层地区找水实例

一、邵阳市邵东市掌和村

该研究区位于白垩系，属于典型的碎屑岩红层区，受制于自然地理条件，该村缺水严重，干旱季节基本无水，下雨时水质又比较浑浊，故人畜饮水问题突出，群众反响强烈。

据区域地质资料，该村出露地层绝大部分为白垩系神皇山组（K_1sh），村子北西侧小范围内有石炭系大埔组（C_2d）出露（图6-2）。神皇山组上部由紫红、灰紫色厚-巨厚层粉砂质泥岩、泥质粉砂岩组成；底部为灰质砾岩，呈厚层状，砾石成分以灰岩、白云岩、泥灰岩为主。大埔组岩性以浅灰色厚-巨厚层白云岩、白云质灰岩为主，底部夹灰岩。

由于掌和村内出露的白垩系神皇山组上部岩性以厚层状粉砂质泥岩、泥质粉砂岩为主，为相对隔水层，且断层构造未在掌和村范围内经过，因此，掌和村物探找水思路主要是查找神皇山组底部灰质砾岩及下伏与其不整合接触的壶天群组碳酸盐岩的岩溶裂隙发育情况，同时查明两地层接触带附近的层间裂隙水发育情况，最终达到找水目的。掌和村目标异常体由于埋藏相对较深，因此主要采用高密度电法、高频大地电磁法（EH4）以及激电测深法进行综合勘查。

图6-3为掌和村物探测线高密度电法与高频大地电磁法（EH4）反演断面及推断解释剖面。如图6-3所示，测线下伏电性分层较为明显，上层电阻率较低，多在150 Ω·m以下，应为白垩系神皇山组粉砂质泥岩、泥质粉砂岩的反映。其中，小号方向（北西向）红层覆盖层厚度相对较薄，多在50 m深度以内；往大号方向（南东向）红层覆盖层厚度逐渐加大。下层为相对高阻层，推测为石炭系壶天群组基岩，岩性以灰岩和白云质灰岩为主。320~380号测点100 m深度内有一低阻凹陷异常，推测该处为岩溶裂隙相对发育区，异常在垂向上主要位于神皇山组下

部灰质砾岩与下伏壶天群组灰岩的接触面附近，以层间节理裂隙发育为主，而岩溶发育程度相对较弱，推测该处有赋水潜力，但水量可能不大，可在360号测点附近布置水文钻孔ZK01进行验证。另外，480~540号测点150~200 m深度附近有一处下凹呈"V"字形低阻异常，推测该区域岩溶裂隙比较发育，且该异常垂向深度位于壶天群组碳酸盐岩地层内，赋水条件良好，因此，该异常位置赋水潜力较大，可进一步使用激电测深法进行验证确认，建议在500号测点附近布置水文钻孔ZK02进行验证。

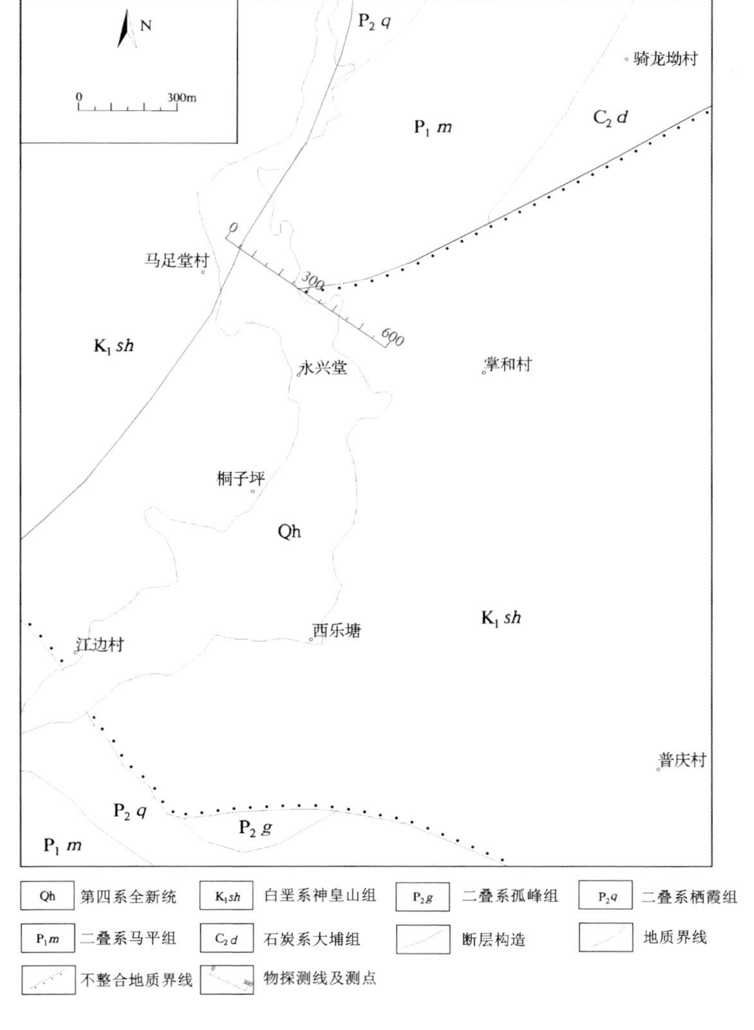

图 6-2　掌和村区域地质资料

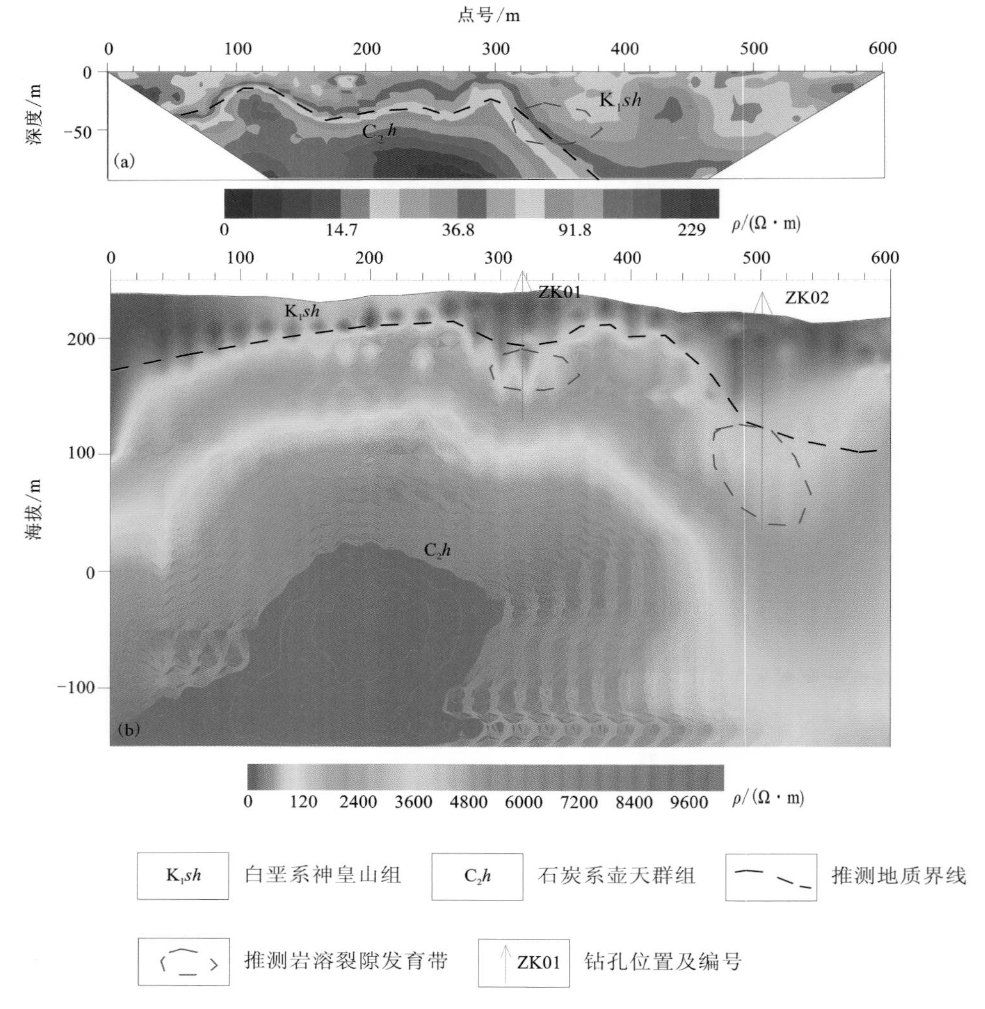

图 6-3　掌和村物探测线高密度电法与高频大地电磁法反演断面及推断解释剖面

在 500 号测点开展了激电测深工作，测深曲线如图 6-4 所示，从图中可以看出，激电测深曲线类型为电阻率不断上升的“A”形曲线，曲线上的 *AB*/2 极距在 0~100 m 时，视电阻率总体较低，为白垩系神皇山组低阻红层段的反映；*AB*/2 极距在 100~220 m 时，对应的地层视电阻率上升趋势较为平缓或呈下降趋势，为相对低阻异常段，且该段的视极化率相对较高，η_s 值在 3%左右，综合推测该段为较富水的岩溶裂隙发育段；*AB*/2 极距大于 220 m 时，电阻率呈快速上升趋势，推测下伏地层为较完整基岩，岩溶裂隙不发育。

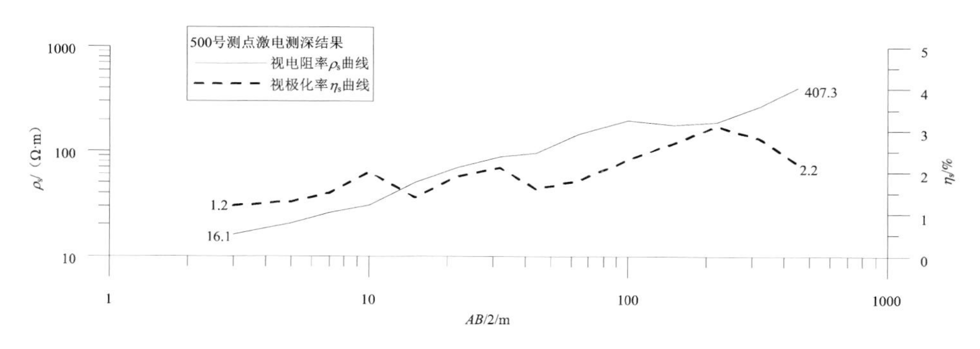

图 6-4　500 号测点激电测深曲线

后经钻探验证，ZK01 孔柱状图如图 6-5 所示。从图中可以看出，0. 00～6. 00 m 为粉质黏土夹中粗砂；6. 00～45. 00 m 为神皇山组紫红色粉砂质泥岩，裂隙不发育；45. 00～102. 80 m 为神皇山组灰质砾岩，浅灰色，厚层状，砾径一般为 5～30 mm，以次棱角状为主，砾石成分主要为白云质灰岩，砾石占 70%左右，溶蚀裂隙发育，一般宽 1～3 mm，多由方解石脉充填，局部泥质胶结；102. 80～153. 00 m 为马平组白云质灰岩、灰岩，裂隙发育一般，一般宽 1～8 mm，多由方解石脉、泥质充填。经抽水试验，该孔涌水量为 59 t/d，水量较少，无法满足该村的用水需求。

ZK02 孔柱状图如图 6-6 所示。从图中可以看出，0. 00～8. 80 m 为第四系碎石土，碎石含量为 50%左右，碎石成分为泥岩、泥质粉砂岩；8. 80～26. 70 m 为神皇山组紫红色泥质粉砂岩，节理裂隙发育，多由泥质充填；26. 7～104. 9 m 为神皇山组灰质砾岩，砾岩成分为灰岩、白云质灰岩，砾径一般为 5～60 mm，多处节理裂隙发育；104. 9～150. 5 m 为马平组白云质灰岩，其中 104. 9～123. 6 m 白云质灰岩硅化现象严重，节理裂隙较发育，裂隙面多见铁质浸染，由方解石脉充填，124. 8～136. 6 m 多处见溶孔溶蚀，溶孔多发育方解石晶体，由少量泥质、粉砂岩充填，溶蚀裂隙面可见铁质浸染，岩芯多呈块状-短柱状，含丰富碳酸盐岩岩溶水。经抽水试验，该孔涌水量为 234 t/d，完全能满足该村老百姓的生产、生活用水需求。

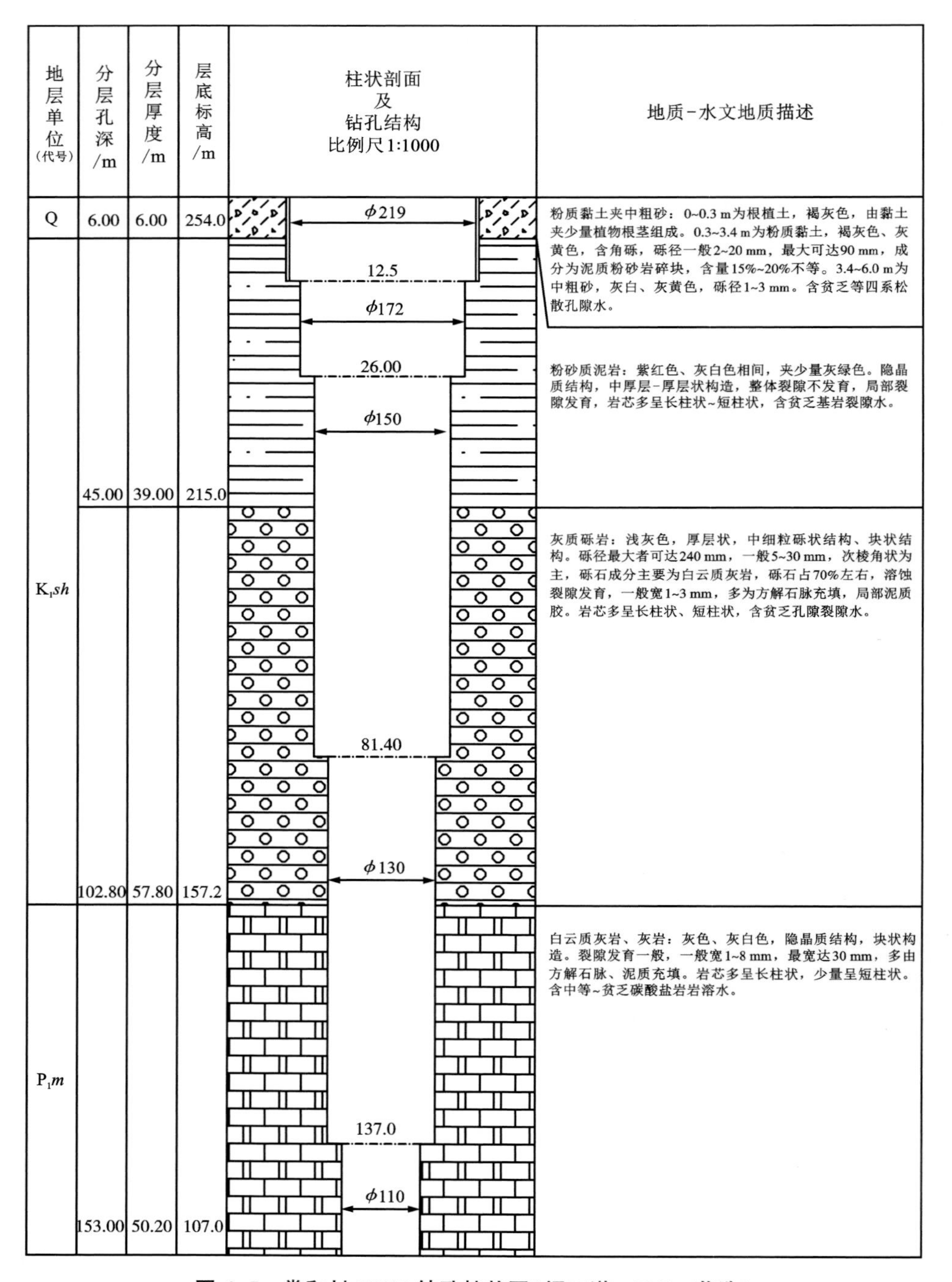

图 6-5 掌和村 ZK01 钻孔柱状图（据王潇，2018，节选）

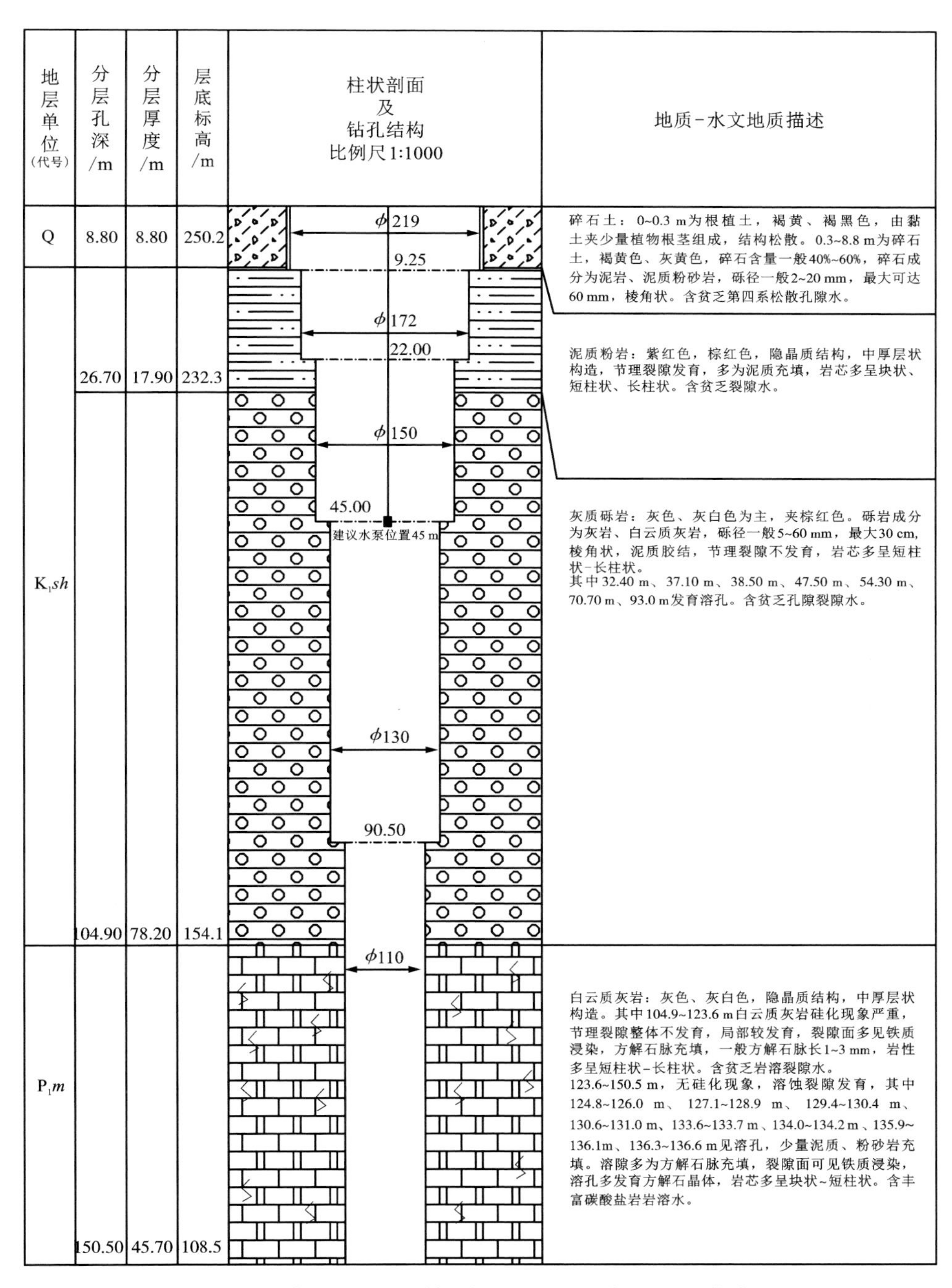

图 6-6　掌和村 ZK02 钻孔柱状图(据王潇，2018，节选)

二、永兴县龙形市乡刘家村

永兴县龙形市乡刘家村地处茶永盆地东南边缘，区内盆地出露地层为白垩系戴家坪组，外围地层主要为泥盆系与寒武系。其中，白垩系戴家坪组岩性为紫红、紫灰色厚-巨厚层砂砾岩，夹少量泥岩及含砾砂岩透镜体；寒武系石牌组岩性为深灰色浅变质石英砂岩夹砂质板岩、板岩及少量碳质板岩。

区内地质构造较发育(图 6-7)，有贯穿整个村庄的罗家村—早垄断裂，走向为北东向，倾向北西，倾角 60°，其两侧的白垩系戴家坪组与寒武系石牌组呈断层接触，该断层为逆冲断裂，具有一定的导水性。

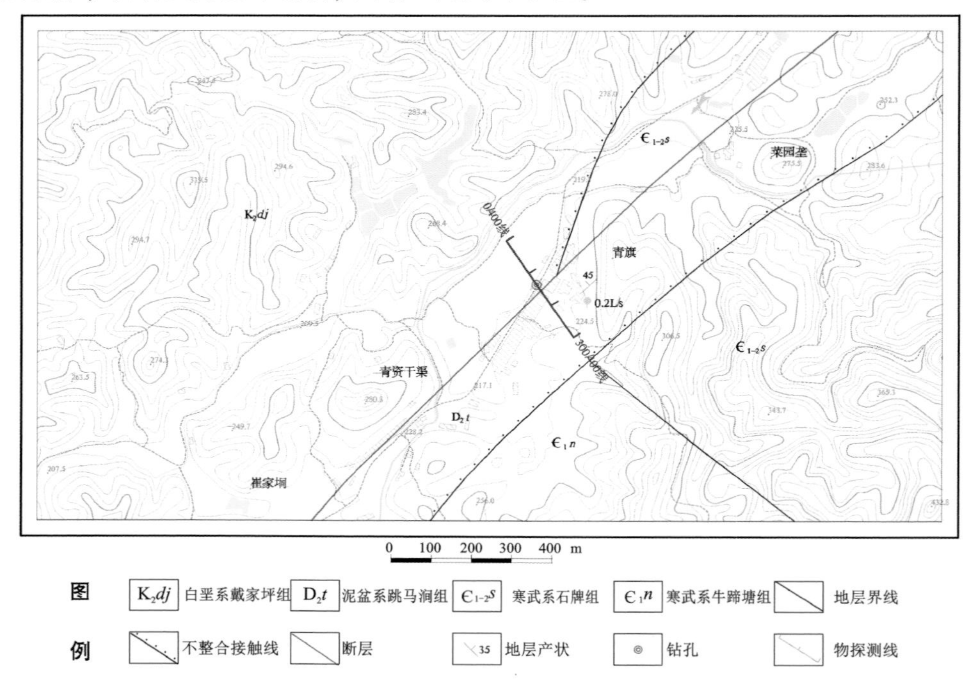

图 6-7 刘家村区域地质资料

图 6-8 为刘家村水文孔 SK01 物探剖面成果图，380 号测点附近为电性分界线，两侧的电阻率差异明显，推测北西向低阻为戴家坪组泥质粉砂岩，南东向相对高阻为石牌组砂质板岩，该处为区内罗家村—早垄断裂的反映，倾向北西，根据断层产状及预揭露深度，水文钻孔点位选在物探剖面 320 号测点附近。

经水文钻探揭露(图 6-9)，61.8 m 附近为断层发育部位，上下两侧地层呈断层接触关系，上覆地层为戴家坪组和较薄的第四系，下伏地层为寒武系石牌组，断层附近节理裂隙较发育，含较丰富的承压水，钻至此处时，水自流出井口，降深为 41.3 m 时，日出水量为 120.2 t/d。

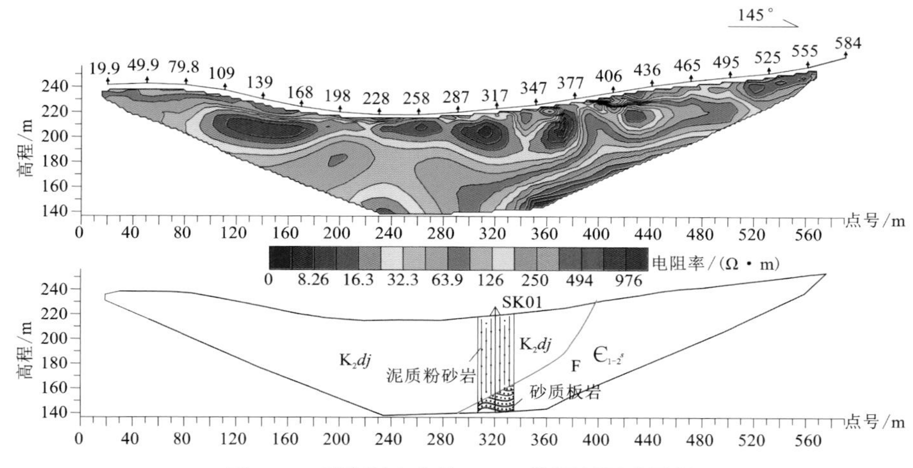

图 6-8　刘家村水文孔 SK01 物探剖面成果图

地层单位（代号）	分层孔深/m	分层厚度/m	层底标高/m	柱状剖面及钻孔结构	水文地质描述	岩芯采取率/% 0 20 40 60 80 100	起下钻水位 起钻后____ m 下钻前____ m +1 0 1 2 3 4 5 6 7	备注
Q^{el}	7.00	7.00	213.00	φ172	含砾黏土：褐红色，硬塑状，稍湿，切面稍有光泽，韧性中等，含砾约15%，呈次棱角状，主要成分为砂岩。			
K_2dj	61.80	54.80	158.20	φ150	粉砂岩：紫红色，中风化，粉砂质结构，块状构造，中厚层状，钙质胶结差，节理裂隙 15°～25° 发育，局部呈 65°～75° 发育，岩体完整性中等，岩芯呈柱状、短柱状及少量块状、粗砂状，质软易碎，RQD值=67%~100%，均值 93%。其中 11.50~11.80 m、20.70~21.30 m、21.70~22.00 m、22.70~23.00 m、23.30~23.70 m节理裂隙呈 65°～75° 发育，岩芯呈块状。其中60.80~63.35 m为砂砾岩浅灰色夹紫红色，砂砾主要成分为粉砂岩，砂质板岩，褶皱现象明显，61.80 m孔内自流。		+0.32 自流	
$Є_{1-2}s$	180.16	118.36	39.84	φ130 φ110	砂质板岩：浅灰色，中风化，粉砂质结构，块状构造，中厚层状，钙质胶结，节理裂隙15°～45° 发育，局部呈 75°～85° 发育，岩体完整性一般，岩芯呈柱状、长柱状、短柱状及少量块状RQD值=7%~86%，均值54%。其中 64.00~67.90 m，71.00~72.10 m、73.0~73.72 m、74.0~74.80 m、75.40~77.30 m、78.00~78.70 m、91.83~95.07 m、96.10~98.00 m、99.20~10.00 m、101.0~104.61 m、106.75~109.00 m、110.00~100.89 m、111.00~112.30 m、13.20~114.20 m、124.00~124.90 m、128.00~128.70 m、132.40~132.87 m、149.50~150.00 m、150.20~150.60 m、153.00~153.60 m、155.00~156.10 m、158.40~162.30 m、163.00~163.96 m、140.0~140.60 m、48.36~151.65 m、171.5~172.10 m节理裂隙呈75°～85° 发育，岩芯呈块状。			

图 6-9　永兴县龙形市乡刘家村水文孔 SK01 柱状图

三、汨罗市桃林寺镇永红村

汨罗市桃林寺镇永红村属构造剥蚀地貌，地势总体较为平坦，起伏不大，高程一般为 50~90 m，多为由波状起伏的圆形小丘构成的岗地，缓坡浅沟较发育(图 6-10)。

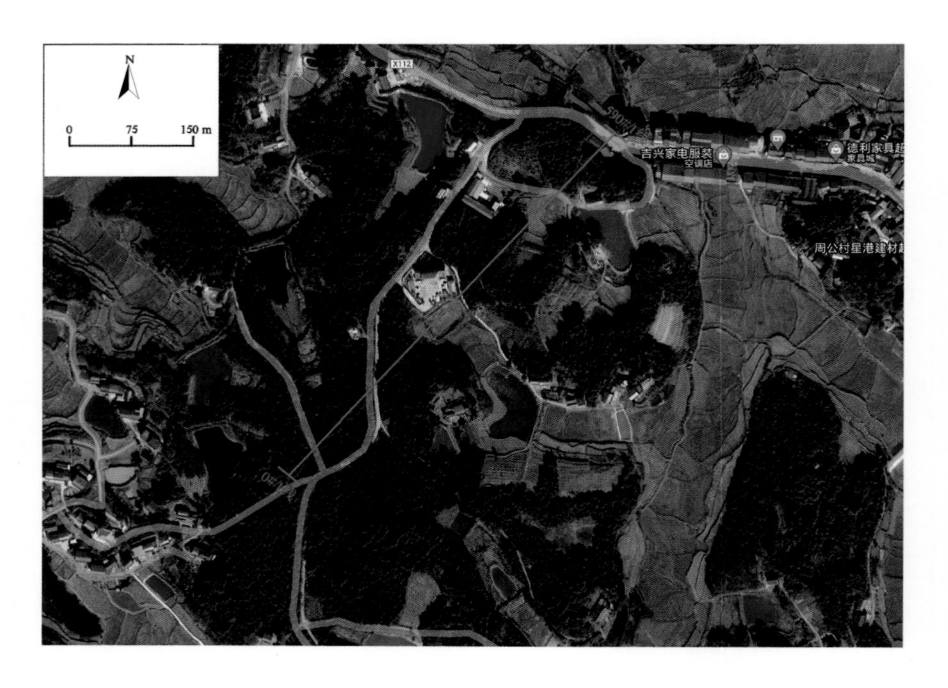

图 6-10 永红村水文孔 SK02 周围地貌影像图

区内出露地层主要为第四系和古近系。第四系主要分布在河流两岸，绝大部分出露地层则为古近系中村组，其岩性为紫红色厚层状含砾含钙质砂岩、砂岩、泥岩、含钙质泥岩等(图 6-11)，基岩成分较为复杂，有软硬岩互层发育，厚度达几百至上千米。地层总体向南或东南倾斜，倾角较缓，一般为 5°~20°。区内断层构造不太发育。

图 6-11 钻孔揭露的古近系中村组砂砾岩(左)与中砂岩(右)照片

图 6-12 为区内物探剖面成果，从图中可以看出，剖面下伏基岩电阻率总体较低，局部发育有高阻夹层，通常低阻区岩性以砂岩、泥岩为主；高阻区岩性砾石含量较高。结合物探成果资料，水文钻孔点位选在电阻率呈高低交错的 310 号测点附近，推测其下伏基岩软硬岩互层发育，软硬岩界面附近破碎，裂隙较发育，为地下水富集相对有利部位。

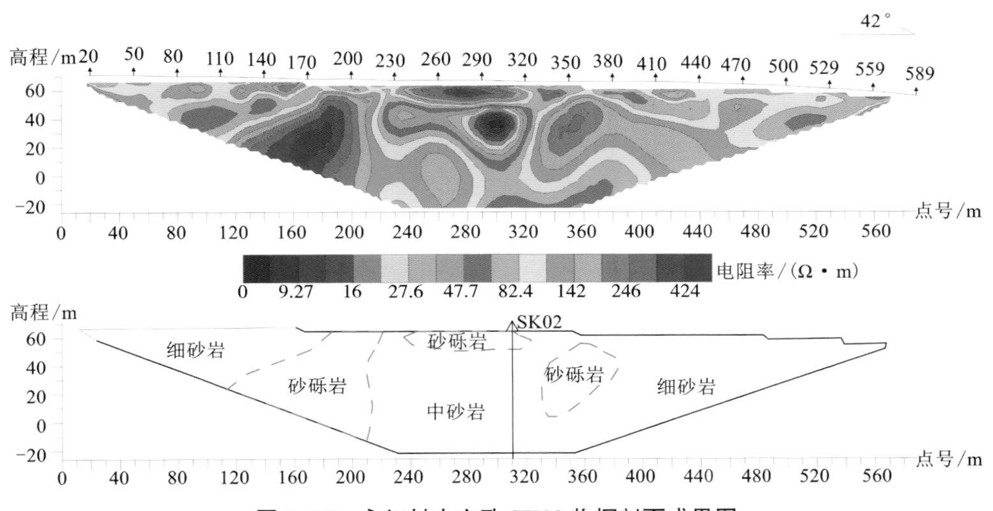

图 6-12 永红村水文孔 SK02 物探剖面成果图

此外，地形地貌上，水文钻孔正好位于一条 NE 向沟谷内，沟谷除东南侧向外延伸发育外，四周均为低丘岗地，植被较发育，汇水条件相对较好。

经水文钻探揭露，水文孔降深为 49.5 m 时，日出水量为 100.4 t/d，含水层主要位于多层软硬岩分界面的裂隙部位，因裂隙发育空间有限，总含水规模相对较小。

第七章

碳酸盐类裂隙岩溶水探测实例

第一节　湖南省碳酸盐岩分布特征

湖南省碳酸盐岩分布广泛，露头出露区主要分布在湘西北、湘中和湘南地区，其中湘西北以寒武系、奥陶系为主，湘中以泥盆系、奥陶系等为主，湘南地区泥盆系、石炭系的碳酸盐岩尤为丰富。这些地区不仅有广泛分布的溶蚀低山丘陵盆地，而且覆盖着以蠕虫状红土、亚黏土、亚砂土为主的残坡积层，厚度为5~20 m。

岩溶石山分布区虽处亚热带，水热条件较好，但受长期岩溶作用，地表、地下岩溶发育，水土流失严重，土壤贫瘠，水源流失，并有严重石漠化问题。石漠化和岩溶渗漏造成了地表少土缺水的生态环境，使人类生存较为困难。岩溶石山区地下河、大型溶洞和岩溶管道十分发育，岩溶地下水资源虽然丰富，但由于岩溶动力系统十分复杂，分布不均，有些地下水位埋深大于100 m，开发利用困难。

湖南省面积为21.18万km^2，岩溶石山分布区面积为5.4946万km^2，占全省总面积的25.94%。湘南、湘东南、湘西北、湘中为湖南省岩溶石山干旱缺水严重区，主要集中在郴州、永州、衡阳、邵阳、怀化、湘潭、长沙等地。

湖南省岩溶石山区几乎遍布全省，岩溶石山区地下水类型为碳酸盐岩裂隙溶洞水，主要赋存于古生界寒武系、奥陶系、泥盆系、石炭系、二叠系和中生界的三叠系灰岩、白云岩等碳酸盐岩地层中。含水层富水性极不均匀，具有厚度大、岩性纯、水量大、水质好，以管流、地下河为主，集中排泄等特点，水位、水量随时间、季节变化大，开发利用困难。岩溶水的形成和分布主要受区域构造、可溶盐性质、地形地貌等条件控制。湖南省碳酸盐类裂隙岩溶水分布见图7-1所示。

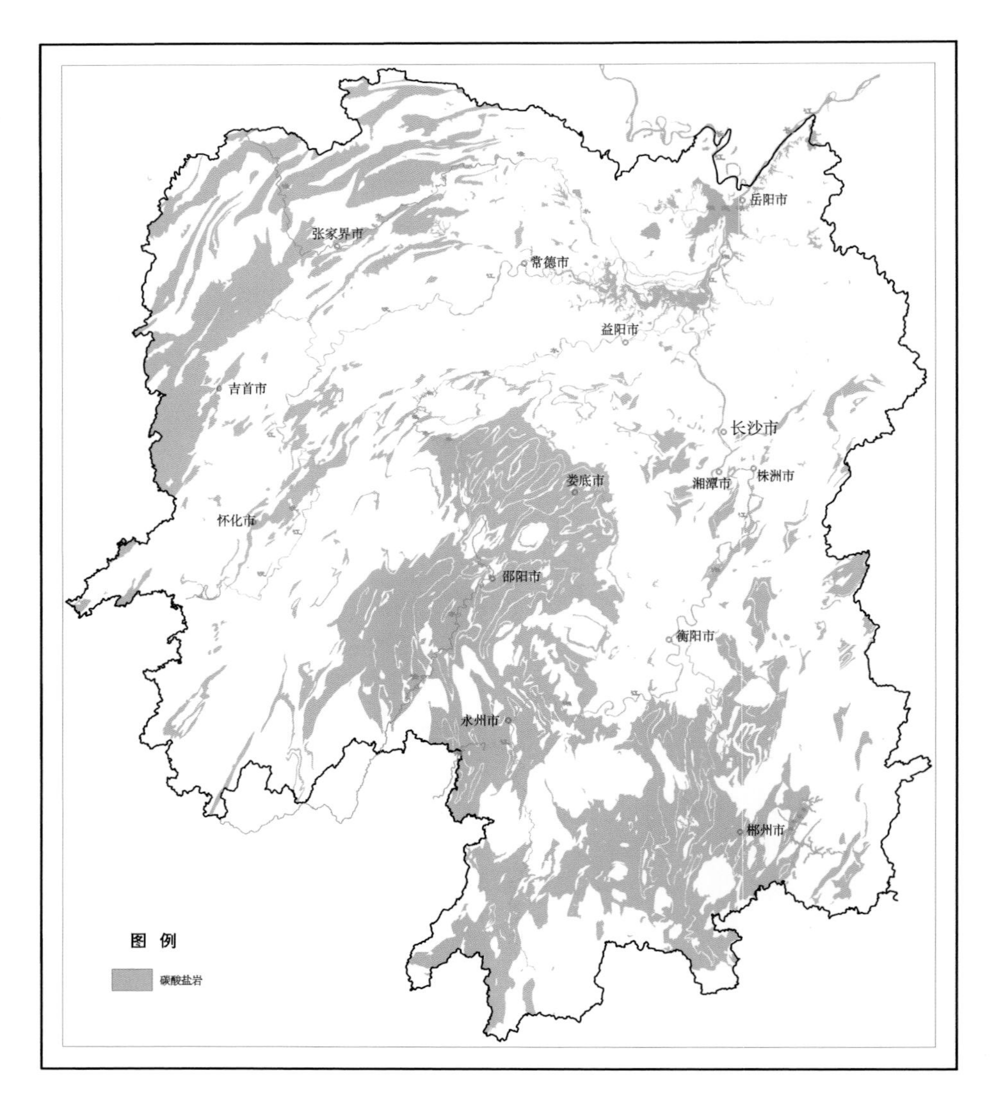

图 7-1　湖南省碳酸盐类裂隙岩溶水分布图

广泛分布的质纯、厚层、时代老而坚硬的灰岩的岩溶作用和新生代地壳抬升作用，长期温暖湿润的季风气候，地表地下岩溶形态及其组合方式等，形成了湖南省岩溶地区地表、地下双层结构的水文地质条件，表现为地表岩溶渗漏、水土流失和严重石漠化等，地下岩溶系统发育，而且分布不均，地下水网复杂，以地下河为主体，并形成集中排泄带。岩溶石山区人、地、水空间分布不匹配，水位深埋，开发利用困难大等，造成人、畜饮水困难。

岩溶石山区大气降水是岩溶水的主要补给来源，大气降水通过岩溶裂隙或构造裂隙渗入地下并赋存。地层岩性是岩溶水富集的基础条件，地质构造控制岩溶水的运移和富集，地貌条件制约岩溶水的埋深与补给条件。

岩溶石山区岩溶水主要富集于岩石破碎的褶皱轴部谷地和断裂带附近或断块之间谷地的一些储水构造中。由于褶皱轴部谷地或断裂带附近岩石破碎、裂隙发育，岩溶水径流通畅，溶蚀作用好，溶洞、地下管道、地下河发育，水量往往比较丰富；岩溶洼地、溶蚀槽谷、溶蚀平原往往是因断陷作用而形成的断陷盆地，在这些盆地中，岩溶洼地、漏斗、暗河等大都沿构造线方向发育，岩溶水量丰富。

1. 碳酸盐岩地区水文地质特征

湖南碳酸盐岩地区的水文地质特征主要受地质和地形地貌的影响。根据相关资料，湖南地区广泛分布碳酸盐岩，地形南西高北东低，南西—北东向构造发育。含水量和含水类型受地理、地形、降雨等影响较大，湖南大部分生产生活用水均来源于此。

2. 碳酸盐岩地区主要含水类型

碳酸盐岩地区的含水类型主要有两类：①碳酸盐岩类裂隙岩溶水，这类含水岩组具有较大厚度，质地较纯且易溶，因此裂隙发育良好，在湖南尤以北东向和北西向的两组裂隙较为明显。②碳酸盐岩类岩溶裂隙水，这类含水岩组包括泥盆系、奥陶系灰岩及寒武系上、中统白云质灰岩，分布广泛，含水充沛。碳酸盐岩地区含水较为丰富，在湖南对于区域水资源分布和地质活动有着重要的影响。

第二节　碳酸盐岩地区找水思路

在碳酸盐岩地区寻找水源是一个具有挑战性的任务，但通过特定的方法和策略，可以有效地提高找水的成功率。下面主要介绍碳酸盐岩地区的找水思路。

1. 研究水文地质资料

首先对碳酸盐岩地区的水文地质资料进行深入研究，包括该地区的地貌特征、岩性组成以及地下水的形成、储存、分布和埋深等规律。通过对这些资料的精细分析，为后续找水工作提供科学依据。

2. 合理选用地球物理探测工作方法

在碳酸盐岩地区，根据不同探测要求选择不同电法进行找水。各种类型的电法和装置可以有效地帮助识别地下水的流动方向和富集区域，从而为找水提供线索。

3. 注意岩溶地区的特殊性

碳酸盐岩地区的岩溶现象比较普遍，这意味着地下水往往集中于溶洞裂隙和管道中。由于岩溶发育的均匀性较差，且浅部位置可能被泥质充填，在找水过程中需要特别注意这些特点。对于岩溶地区的水文地质条件，应采用适合该地区地形地貌的找水方法。

在岩溶石山缺水区找水，主要须解决三个方面的问题：一是调查岩溶地下水赖以储存、运移的岩溶通道的分布情况及规律；二是调查岩溶地下水的活动规律，包括补给、径流、排泄的条件，水量、水位变化幅度，地下水与地表水的互相转化，含水层分布范围，隔水层底板高程，地下水分水岭位置等；三是调查岩溶地下水的开采条件。为解决上述问题，可采用地面调查、岩溶地下水动态观测、洞穴调查、连通试验、钻探、抽水试验、地球物理勘探、遥感等各种技术手段。在紧密褶皱区，可溶岩与非可溶岩相间分布，在岩溶地貌形态以峰丛洼地为主的地区要加大遥感技术和物探新技术的应用，通过遥感技术分析岩溶地下水的露头点、泉、地下河入口、地下河出口、落水洞等的分布，通过物探电阻率法(以视电阻率联合剖面和电测深为主)，以及其他多种物探新方法，综合分析，探测岩溶地下水的富水地段。在宽缓褶皱分布区，灰岩广布，地貌形态以峰林洼地为主，要在地面地质调查的基础上，通过多种物探手段，如核磁共振等新技术，以及电测深、音频大地电场等传统物探方法，确定富水部位或伏流地段。

岩溶水为赋存于可溶性碳酸盐岩中的溶蚀裂隙和溶洞中的地下水，其分布具有不均匀性和各向异性的特征。在水平方向，岩溶发育程度从补给区到排泄区由弱到强，特别是径流排泄区，岩溶强烈发育，富水情况较好；在垂向上，常常表现为浅部岩溶裂隙发育强烈，富水性好，而深部岩溶裂隙发育较弱，富水性相对较差。

岩溶地下水的赋存与富集主要受控于岩溶含水层岩性和地质构造。质纯层厚的碳酸盐岩易溶蚀，岩溶化程度高，是岩溶地下水赋存和富集的内因；而地质构造引起的断裂破碎带附近岩石相对破碎，裂隙发育，有利于地下水的运移，是岩溶地下水赋存和富集的外因。上述两个条件是寻找碳酸盐岩类裂隙-岩溶水的必备条件，缺一不可。因此，寻找断层及其破碎带是在碳酸盐岩地区寻找地下水的主要方法之一。

岩溶水富集总的规律：岩溶常常沿着断层破碎带发育，硬脆性的碳酸盐岩中的断裂易富水、张扭性断层易富水、活动断裂易富水，以及充填胶结微弱且结构疏松的破碎带内易富水。

第三节 碳酸盐岩地区找水实例

一、新邵县潭溪镇高梓村抗旱找水

高梓村位于新邵县中东部，村域面积2.6 km^2，共有农业人口356户1226人，地形复杂，地表水流失严重，群众饱受干旱困扰，人畜饮水、农田灌溉困难。

高梓村总体地势东南、北西、西南高，东北低，呈簸箕状向东北开口，属中丘陵谷地地形。高程一般为320～450 m，相对高差一般小于110 m，地形坡度一般为20°～35°。地貌类型主要有侵蚀堆积地貌、剥蚀构造和溶蚀构造三种。区内出露地层主要为泥盆系、第四系，就出露面积来说，主要分布泥盆系七里江组、锡矿山组泥粉晶灰岩等，构造位置处于潭溪向斜的东南翼，其东为龙山穹窿，区内断层发育，如图7-2所示。地下水类型主要有碎屑岩裂隙水、碳酸盐岩类裂隙溶洞水、松散岩类孔隙水。

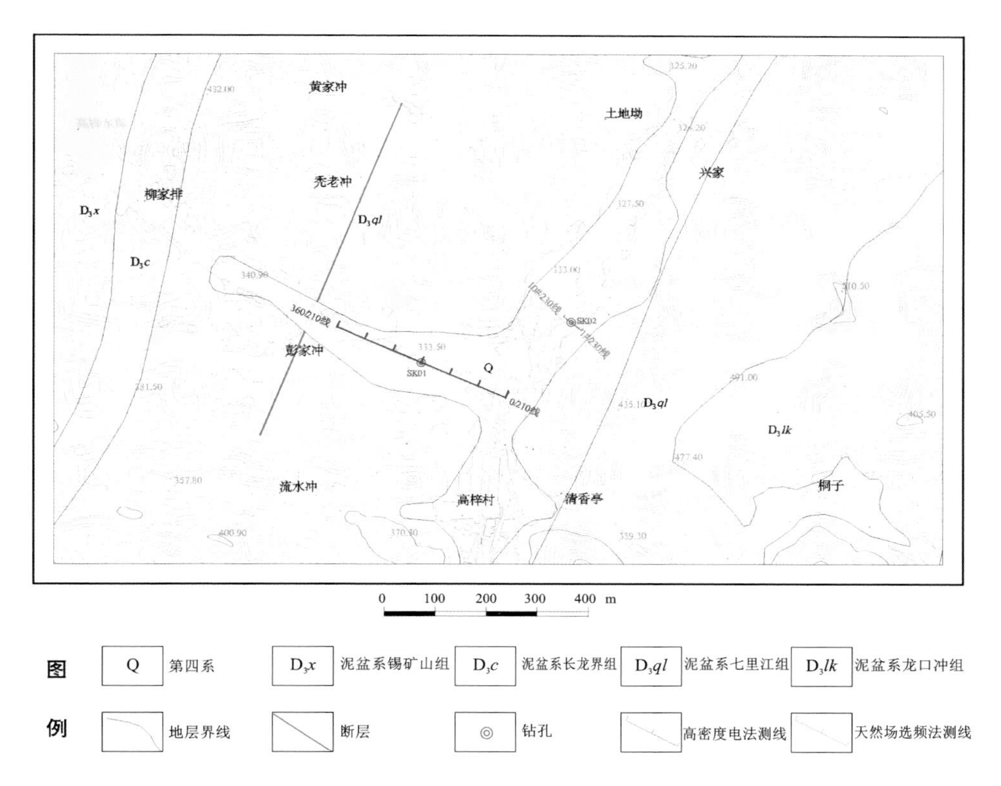

图7-2 高梓村抗旱找水构造位置图

根据找水任务和地球物理特征，结合高梓村实际地质情况，选择采用高密度电法和天然电场选频法等进行物探勘查，210 线高密度电法反演断面见图 7-3。

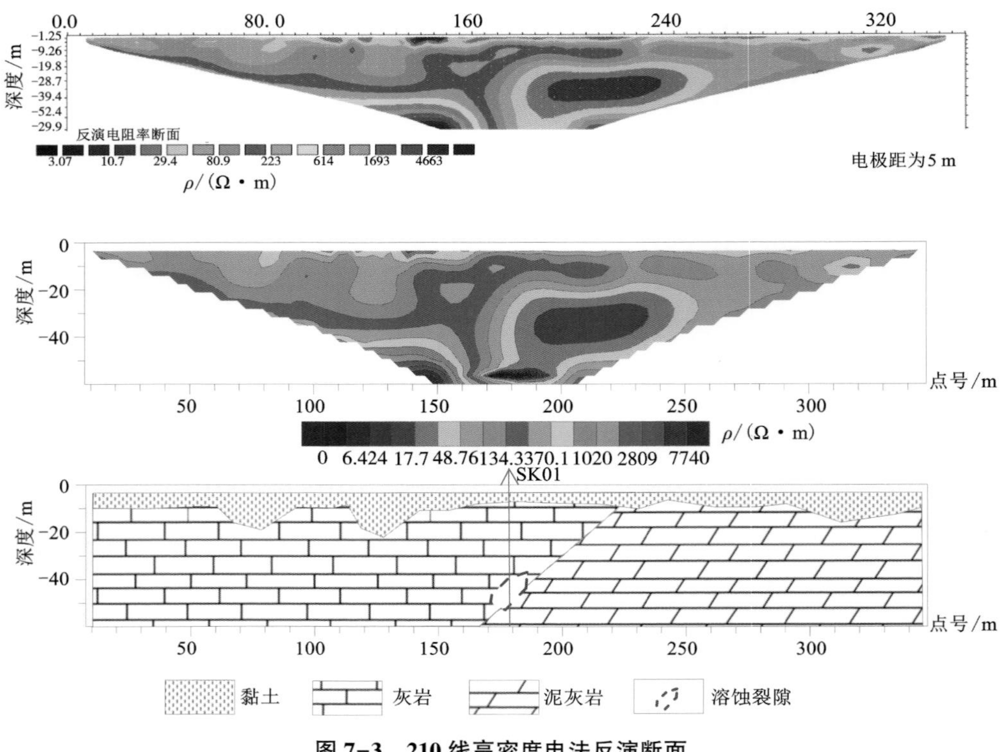

图 7-3　210 线高密度电法反演断面

根据物探勘查结果，结合地质资料及实地情况，可以判断：区内下伏基岩有一条分界线，其北西侧以含炭泥灰岩为主，呈相对低阻特征；南东侧以泥晶灰岩为主，呈相对高阻特征。以泥晶灰岩为主的下伏基岩局部岩溶，裂隙发育。综合判断，上述岩性分界线附近靠可溶岩一侧与泥晶灰岩下伏岩溶、裂隙发育带为区内富水相对有利地段。

在前期工作圈定的富水靶区实施水文地质钻探 2 孔，其中，水文孔 SK01 采用 ϕ172 mm 合金钻头干钻钻进，以及 ϕ172 mm、ϕ150 mm、ϕ130 mm、ϕ110 mm 金刚石钻头正循环钻进等技术，终孔深度为 151. 48 m，经抽水试验确定涌水量为 104 m^3/d；水文孔 SK02 终孔深度为 75. 79 m，经抽水试验确定涌水量为 70. 8 m^3/d。

通过两个水文孔的实施，获取的总涌水量为 174. 8 m^3/d，达到预期效果。高梓村利用 SK01 钻孔成井一口，并修建蓄水池等配套设施，为 1226 位村民提供生活用水，解决了该村饮用水缺乏的难题。

二、嘉禾县珠泉镇石丘村抗旱找水

石丘村位于嘉禾县北部 5 km，由于该区域年降雨时空分布不均，加之该村位于典型喀斯特地形地貌区，降水易涨易落，落水调节功能不强，属于干旱缺水区。

工作区地势较平坦，地貌以孤峰红土丘陵地貌、溶蚀丘陵地貌为主。地表大部分被第四系残坡积、冲积及冲洪积物覆盖，局部出露的基岩多为岩溶孤峰，其形态有的为塔状，有的似老人，有的呈峰林簇出现。红土丘陵由碳酸盐岩风化残积物累积形成，一般低矮宽缓，多呈浑圆状。

区内下伏基岩为石炭系及泥盆系，岩性主要为碳酸盐岩，地下水类型主要有松散岩类孔隙水、碳酸盐岩裂隙岩溶水。

工作区位于袁家向斜西翼，袁家向斜是该地区褶皱系的一个二级构造，向斜轴部出露三叠系大冶组，两翼则为二叠系、石炭系、泥盆系，两翼地层倾角为 30°~50°。区内断层发育，主要有株木山正断层和黄甲头—荆林逆断层，但均离工作区相对较远。

工作区位于城区，人文干扰相对严重，因此，物探勘查主要采用抗干扰能力较强的等值反磁通瞬变电磁法，如图 7-4 所示，区内自西向东布置了 4 条近南北向的等值反磁通瞬变电磁法测线，反演成果如图 7-5、图 7-6 所示，由图可知，1 线与 2 线均有一处低阻异常，分别位于 70~80 号测点与 40~70 号测点；3 线与 4 线均无明显低阻异常，推测 1 线与 2 线低阻异常为一条断层构造，断层规模较

图 7-4　嘉禾县石丘村物探测线布置图

小，在3线已经尖灭，走向为南东，倾向为北北东。综合分析后，建议在1线80号测点附近布钻验证。

经水文钻探显示，钻孔可供水开采量为270 m^3/d，能满足该村生活用水需求，同时也证明了等值反磁通瞬变电磁法在强干扰、场地受限的城镇区域找水效果较好，是一种值得推广的新方法。

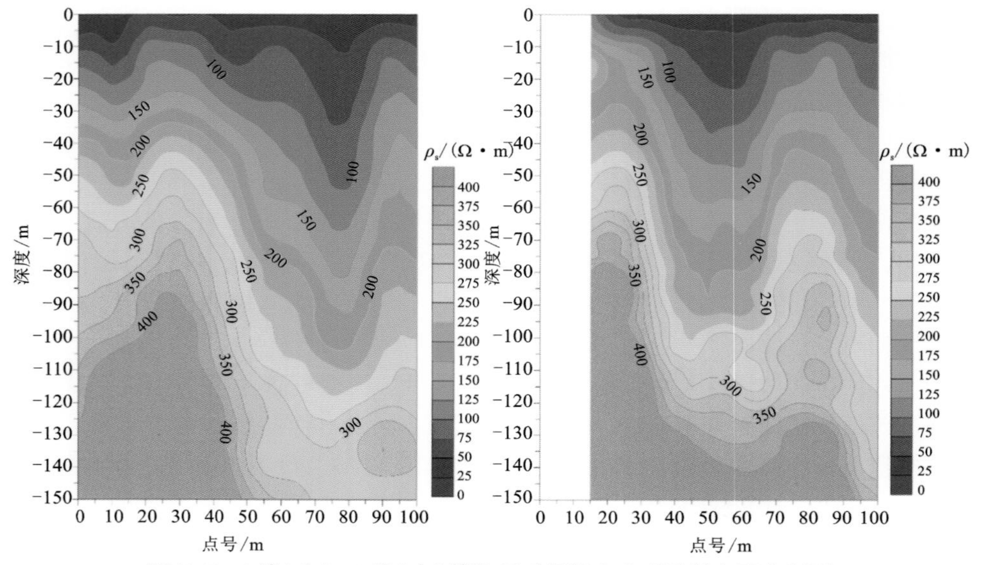

图7-5　1线(左)、2线(右)等值反磁通瞬变电磁法视电阻率剖面

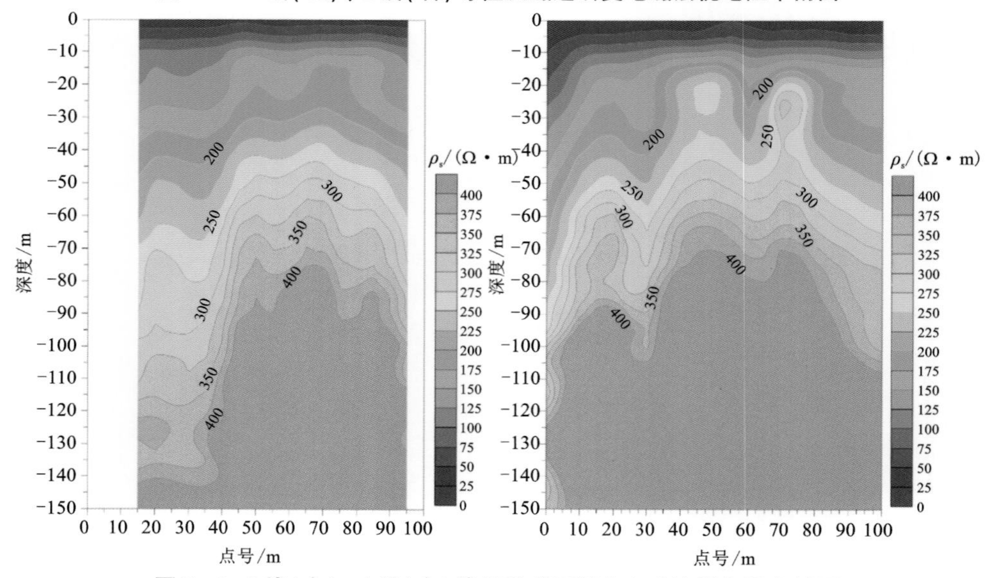

图7-6　3线(左)、4线(右)等值反磁通瞬变电磁法视电阻率剖面

三、耒阳市长坪乡谭湖村抗旱找水

耒阳市长坪乡谭湖村缺水人口约 2000 人，平时仅依靠浅水井或受污染的地表水维持生产生活，在干旱季节人畜饮水困难，存在极大的安全隐患。

谭湖村总体地势东、南、西高，北低，呈簸箕状向北开口。高程一般为 250～420 m，相对高差为 50～150 m，区内地形坡度一般为 20°～40°。出露地层主要为第四系松散层和石炭系泥晶灰岩、粉砂岩等，以泥晶灰岩为主。构造活动强烈，主要发育南北走向的断裂和褶皱。区内发育两处泉点，流量均为 0.5 L/s。

根据找水任务和岩土特征，结合谭湖村实际地质情况，主要选择了高密度电法与天然场选频法开展物探勘查工作，物探工作布置图如图 7-7 所示，物探成果如图 7-8～图 7-10 所示。

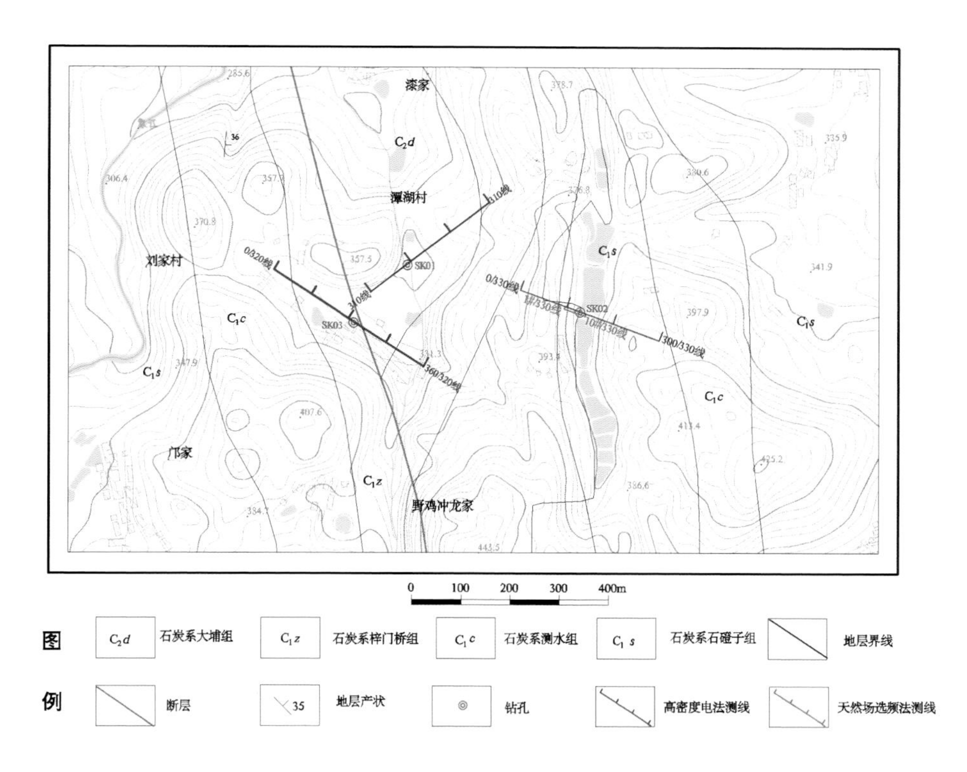

图 7-7　谭湖村物探工作布置图

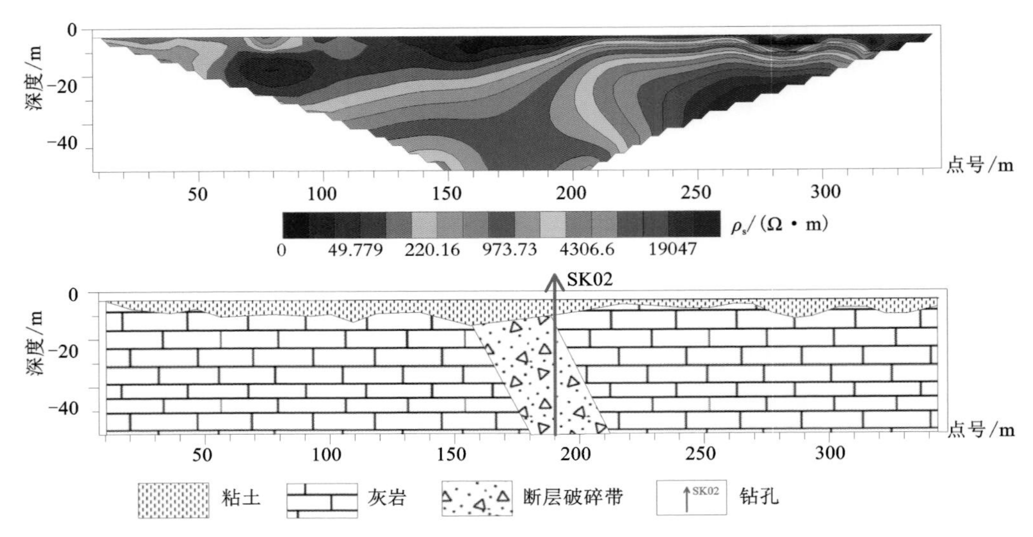

图 7-8 谭湖村 320 线综合地质解释剖面图

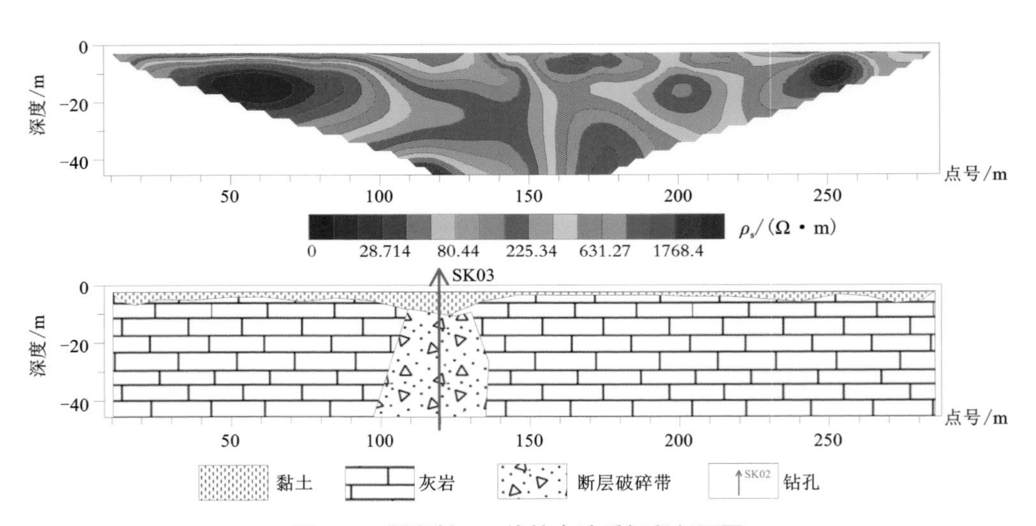

图 7-9 谭湖村 330 线综合地质解释剖面图

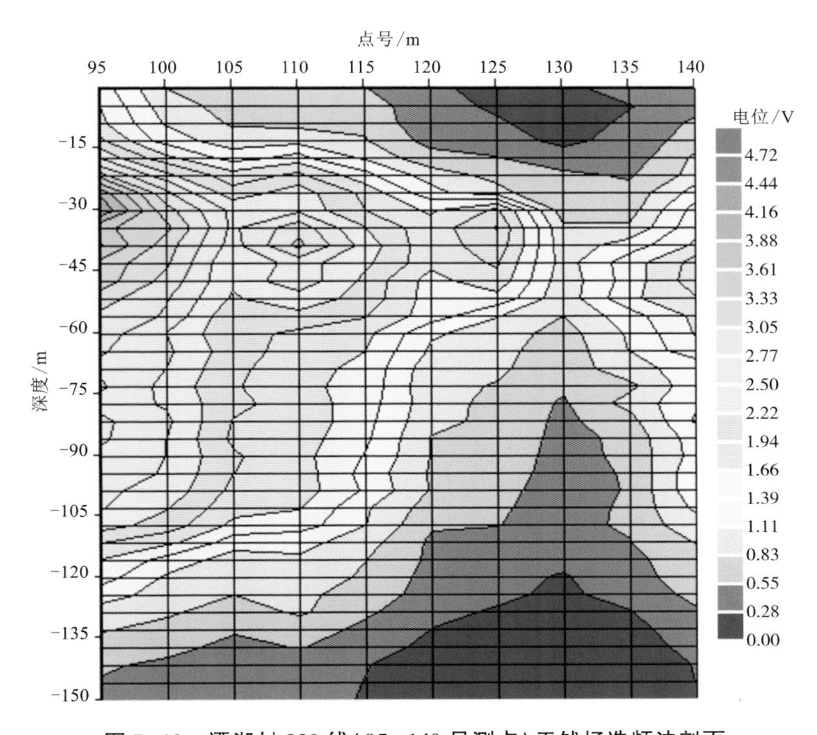

图 7-10　谭湖村 330 线(95~140 号测点)天然场选频法剖面

根据物探勘查结果，结合地质资料及实地情况，可以判断：320 线 170~210 号测点与 330 线 110~150 号测点等部位为断层，断层影响带附近岩溶裂隙相对发育，是区内找水潜力较大的区域。建议在 320 线 190 号测点与 330 线 120 号测点附近布钻验证。

在前期工作圈定的富水靶区实施水文地质钻探 3 孔，其中，水文 SK01 终孔深度为 138.86 m，经抽水试验确定，该孔涌水量为 50.98 t/d；SK02 终孔深度为 152.79 m(图 7-11)，经抽水试验确定，该孔涌水量为 150.34 m^3/d；SK03 终孔深度为 160.10 m，经抽水试验确定，该孔涌水量为 220.17 m^3/d。

通过 3 个水文钻孔的实施，获取的总涌水量为 421.49 m^3/d，达到预期效果。谭湖村利用 SK01、SK02、SK03 钻孔成井三口，并在村部东侧山腰上部修建蓄水池等配套设施，为约 2000 名缺水村民提供生活用水，为乡村振兴工作打牢了基础。

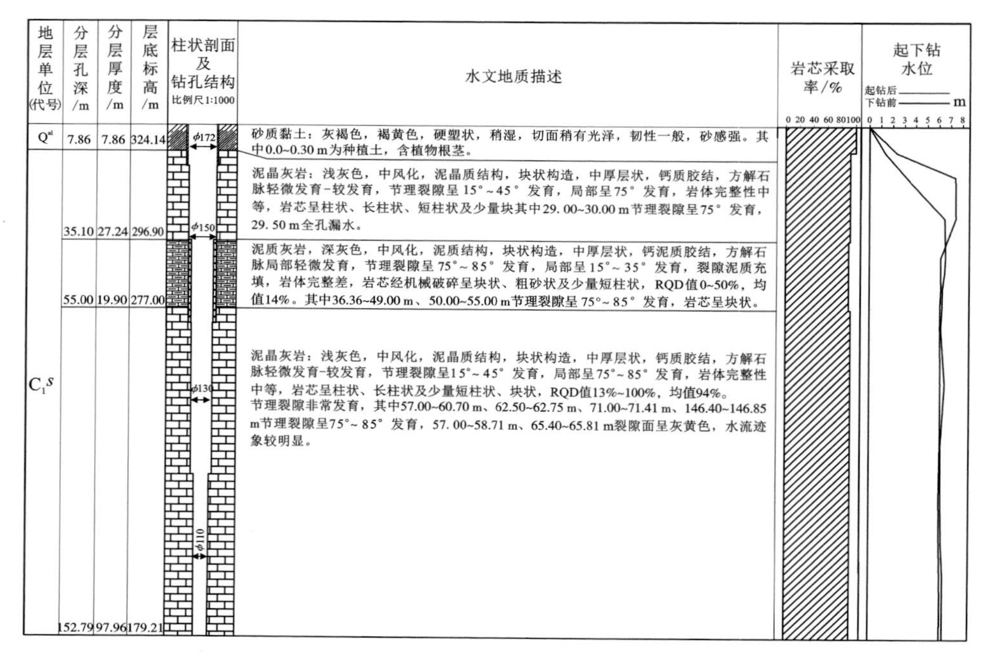

图 7-11　潭湖村 SK02 钻孔柱状图(据宋厚园，2022，节选)

四、邵阳市新邵县坪上镇茅坪村抗旱找水

茅坪村属严重干旱缺水地区，当地群众长期以来都以摇井采取浅表的淋滤水作为生活用水，近年来极端天气偏多，旱涝不均，久旱久雨现象不时发生，给当地群众的生活用水带来极大的困难，同时由于地表水污染日益严重，长期饮用浅表的淋滤水对当地群众的身体健康造成危害。因此，当地老百姓迫切需要寻找一处安全稳定的饮用水源。

该区地貌类型为溶蚀剥蚀低丘地貌。据水文地质资料，物探勘查范围内出露地层主要为泥盆系中统棋梓桥组(D_2q)，其岩性主要为灰岩和白云质灰岩，局部夹泥灰岩等。由于勘查区下伏基岩属质纯层厚的碳酸盐岩，因此，在该地区寻找地下水的主要思路是寻找断层、破碎带以及岩溶裂隙发育带。通常情况下，含水的岩溶裂隙与完整的碳酸盐基岩电性差异较明显，因此，物探勘查以高密度电法为主，电极距采用 5 m 和 10 m 两种，测量装置为温纳装置。此外，在高密度电法的异常部位采用地震映像法进行综合勘查验证。物探工作布置图如图 7-12 所示。

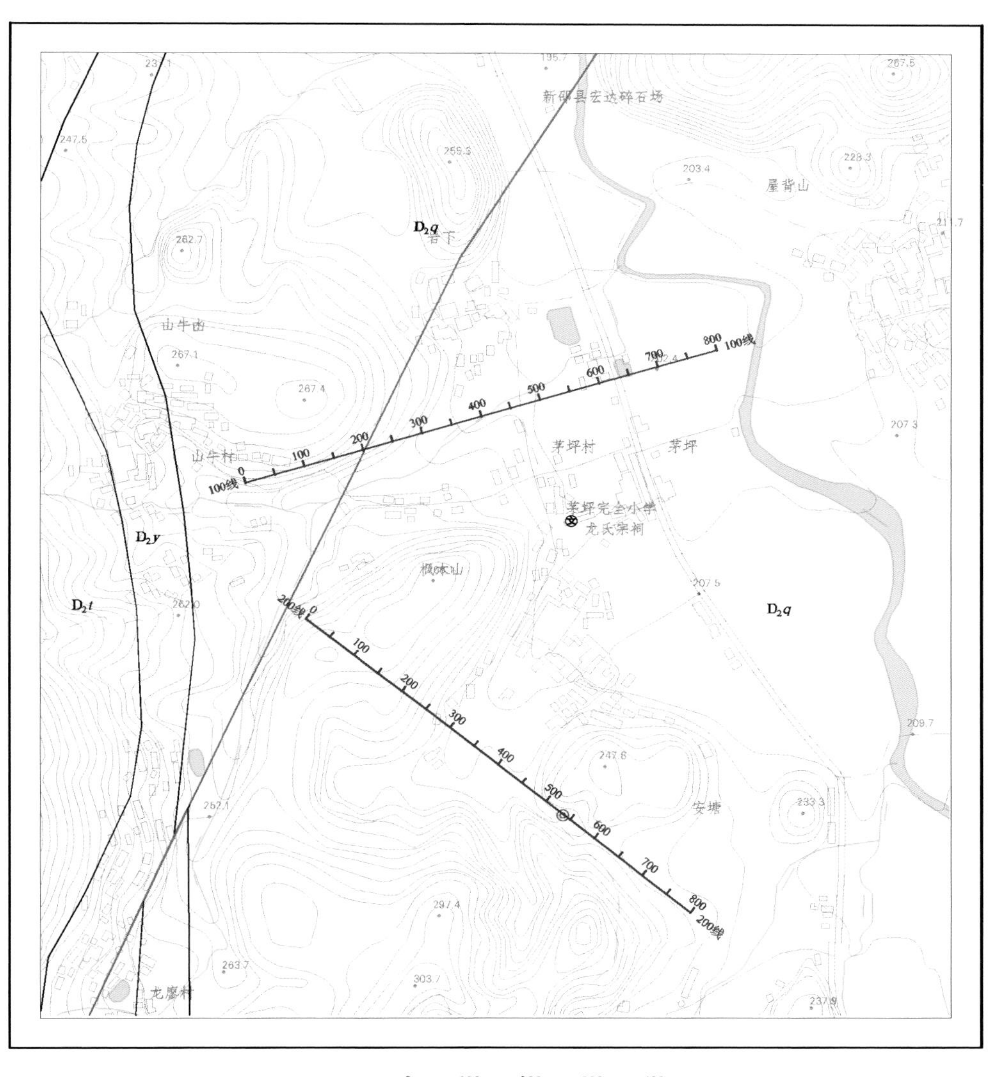

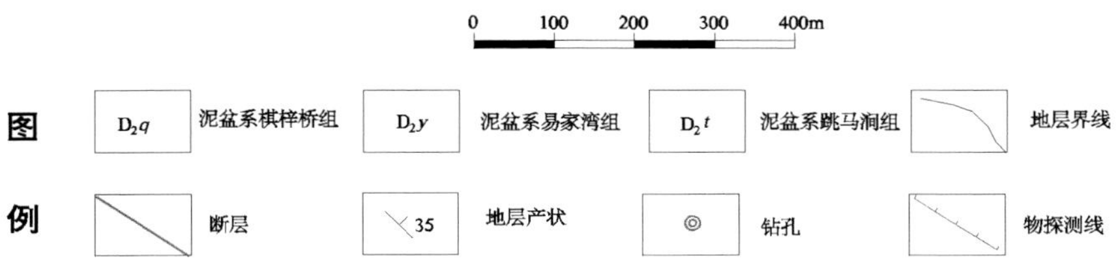

图 7-12　茅坪村物探工作布置图

图 7-13 为高密度电法成果图，上、下图分别为 5 m 和 10 m 极距的反演断面。断面图显示，剖面自上而下电性分层较明显，表层为低阻层，应为第四系黏土的反映；下层为相对高阻层，电阻率大部分高达上千欧姆米，推测为棋梓桥组灰岩与白云质灰岩的反映，在剖面 490～540 号测点间下凹呈“U”形低阻异常，电阻率在 500 Ω · m 以下，推测该处为岩溶裂隙发育带，该段电性变化较大，应为剖面上赋水较有利地段。剖面上其余位置下伏基岩整体呈相对高阻特征，推测岩石较完整，岩溶裂隙不太发育，赋水的可能性较小。

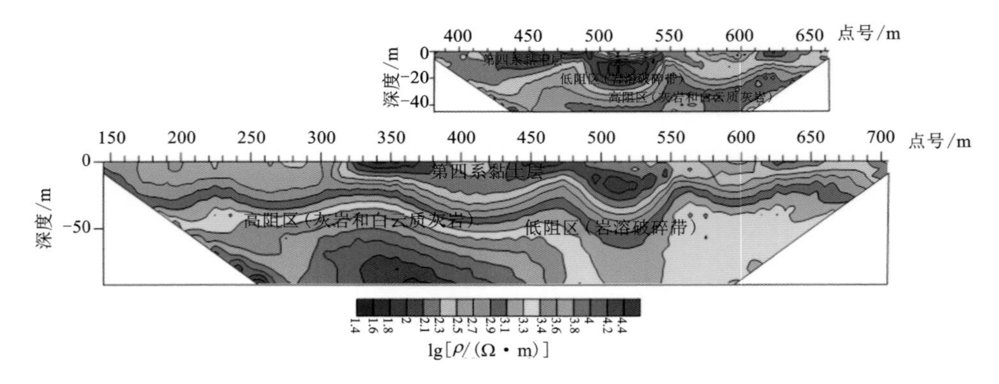

图 7-13　茅坪村高密度电阻率反演断面

围绕高密度电法 520～530 号测点间的低阻异常，又布置了地震映像法进行综合勘查，地震映像法采用的点距为 1 m，炮检距为 20 m。如图 7-14 所示，520 号至 540 号测点之间，同相轴具有较明显的错断和振幅异常特征，推测该段为岩溶破碎发育带。利用两种方法综合分析后，建议在剖面 520 号至 530 号测点之间布置水文钻孔验证。

经水文钻孔验证，钻孔资料(图 7-15)显示：0～7.4 m 为第四系黏土覆盖层；7～12 m 为全风化灰岩；12～23.6 m 为强风化灰岩，节理裂隙发育，局部裂隙由方解石脉填充；23.6～100 m 为中风化灰岩，其中，54.40～56.00 m 裂隙极发育，54.40 m 处钻孔开始漏水；57.70～58.00 m 岩溶裂隙发育；71.70～72.40 m 为空溶洞，无充填物；83.7～85.02 m、87.72～89.80 m 节理裂隙非常发育。经抽水试验确定，该孔涌水量为 231 t/d，极大地缓解了当地村民的用水需求。

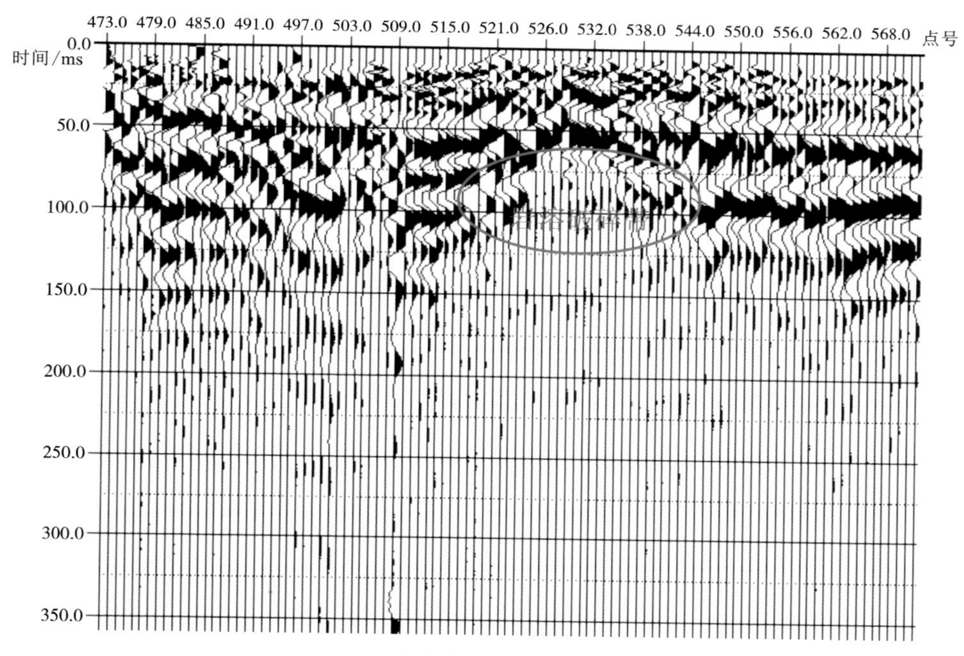

图 7-14　茅坪村地震映像法成果图

地层单位（代号）	分层孔深/m	分层厚度/m	层底标高/m	柱状剖面及钻孔结构 比例尺1：800	水文地质描述
Qp^{dl+el}	7.40	7.40	210.81	φ150；φ146套管	黏土：黄褐色，可塑状，稍湿，无摇振反映，光滑，干强度高，韧性高，为灰岩风化残坡积而成，表层30 cm为耕植土，灰褐色，含较多植物根系。
D_2q	12.04	4.64	206.17	13.4 m	全风化灰岩：黄褐色，中密状，稍湿，结构构造完全破坏，岩芯呈碎块夹土状，含风化碎屑、碎块，手捏易碎，遇水易分解。
	23.60	11.56	194.61	φ127套管；46.36 m	强风化灰岩：灰、灰白色，隐晶质结构，中厚层状构造，钙质胶结，节理裂隙十分发育，裂隙面呈棕红色，局部裂隙方解石脉充填，岩体破碎岩芯多呈块状，块径2~10 cm，少量短柱状、柱状，其中12.40~15.50 m呈柱状，柱长10~45 cm，最长55 cm，RQD指标较差。
	71.70	48.10	146.51	φ130	
	72.40	0.70	145.81	溶洞	
	142.80	70.40	75.41	φ110	中风化灰岩：灰、灰白、深灰色，其中128.80~142.80 m为深灰色；隐晶质结构，中厚层状构造，钙质胶结；节理裂隙发育，裂隙面呈棕红色，局部裂隙方解石脉充填，岩芯多呈柱状，柱长一般长10~30 cm，最长达55 cm，少量呈短柱状、块状。RQD= 50%~94%，均值85%。 其中54.40~56.00 m裂隙极发育，54. 40 m处钻孔开始漏水；57.70~58.00 m岩溶裂隙发育；71.70~72.40 m为空溶洞，无充填物；83.7~85.02 m、87.72~89.80 m、117.0~118.0 m、131.8~132.4 m、137.2~139.0 m节理裂隙发育，岩芯多呈块状。

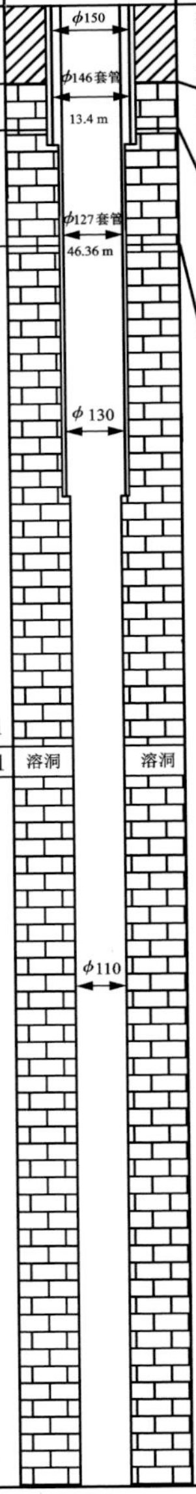

图 7-15　茅坪村钻孔柱状图(据宋厚园，2017，节选)

五、隆回县雨山铺镇温塘冲村抗旱找水

隆回县雨山铺镇温塘冲村属丘陵地形，主要为溶蚀构造地貌。工作区位于岩溶区，地下水分布十分不均，且地表水系不发达，无河流水库，每年干旱季节，人畜饮水都十分困难，严重影响当地居民的生产生活。

工作区为一单斜构造，区内出露地层主要为石炭系大埔组（C_2d）与二叠系马平组（P_2m）、栖霞组（P_2q），其中大埔组岩性以浅灰色厚-巨厚层白云岩为主，底部夹白云质灰岩和灰岩；马平组岩性为浅灰色、灰白色巨厚层状泥晶灰岩、生物屑灰岩夹白云岩、白云质灰岩及白云质角砾岩透镜体，局部含燧石团块或条带；栖霞组岩性下段为深灰色、含大量燧石团块的中-厚层状灰岩，中段为黑色钙质页岩夹硅质岩，上部为深灰色中厚层状含团块灰岩。

区内发育有一条北东向的断层构造，长度约为 1 km，产状不明。

与区内断层基本垂直方向布置了物探测线 310 线与 320 线（图 7-16），310 线

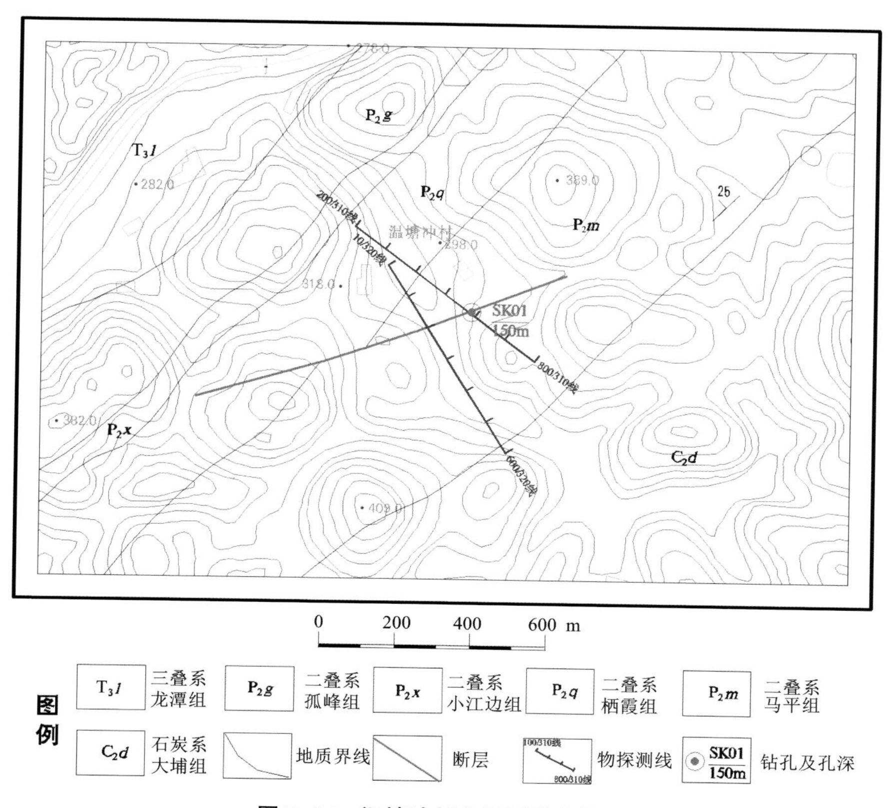

图 7-16　温塘冲村物探测线布置图

采用了联合剖面法、高密度电法与电测深法进行综合勘查，成果如图 7-17 所示，联合剖面法曲线浅部极距（AO=50 m）与深部极距（AO=100 m）各有一个低阻正交点，分别位于 550 号测点与 600 号测点。同时，高密度电法在 540~620 测点间也有一条低阻异常带反映。

在低阻异常部位 540~620 号测点，布置了三个对称四极电测深点，点距 40 m，采用 AB/MN=5 的等比装置，测深曲线如图 7-18、图 7-19 所示，三个测点的测深曲线均为“A”形曲线，$AB/2$ 极距为 44~150 m，曲线均有一段呈缓慢上升或下降的趋势，推测对应深度的地层为断层破碎或岩溶裂隙发育部位。

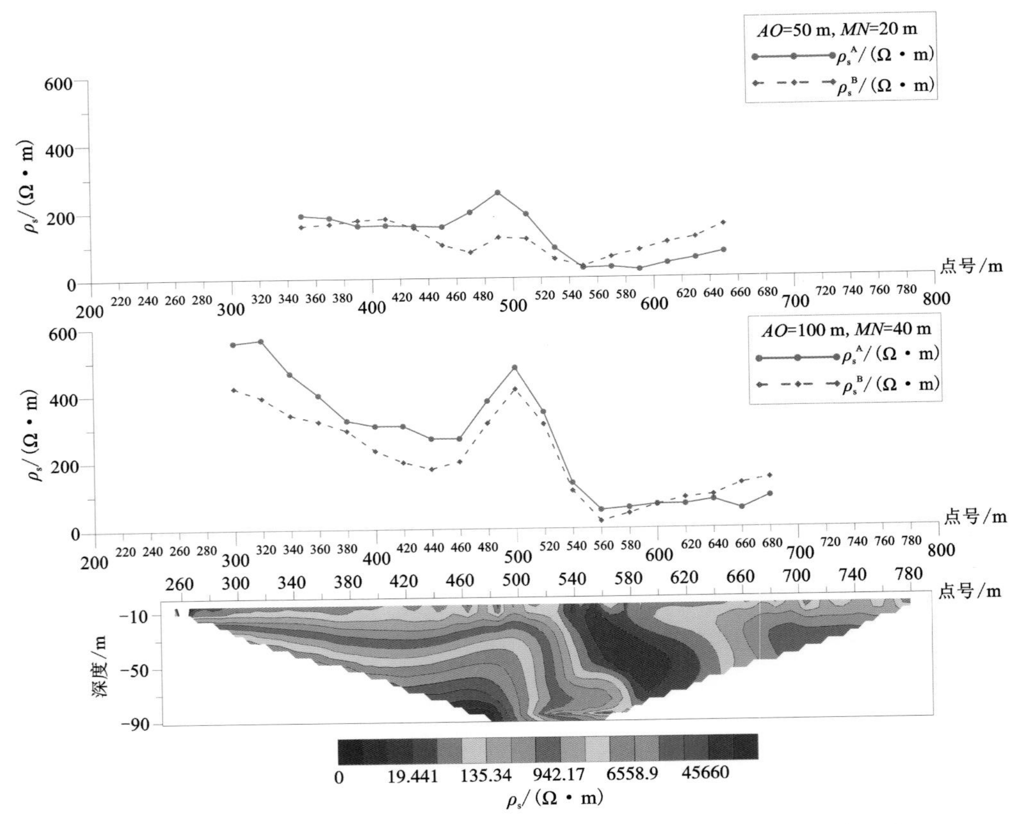

图 7-17　温塘冲村 310 线联合剖面法、高密度电法与电测深法综合成果图

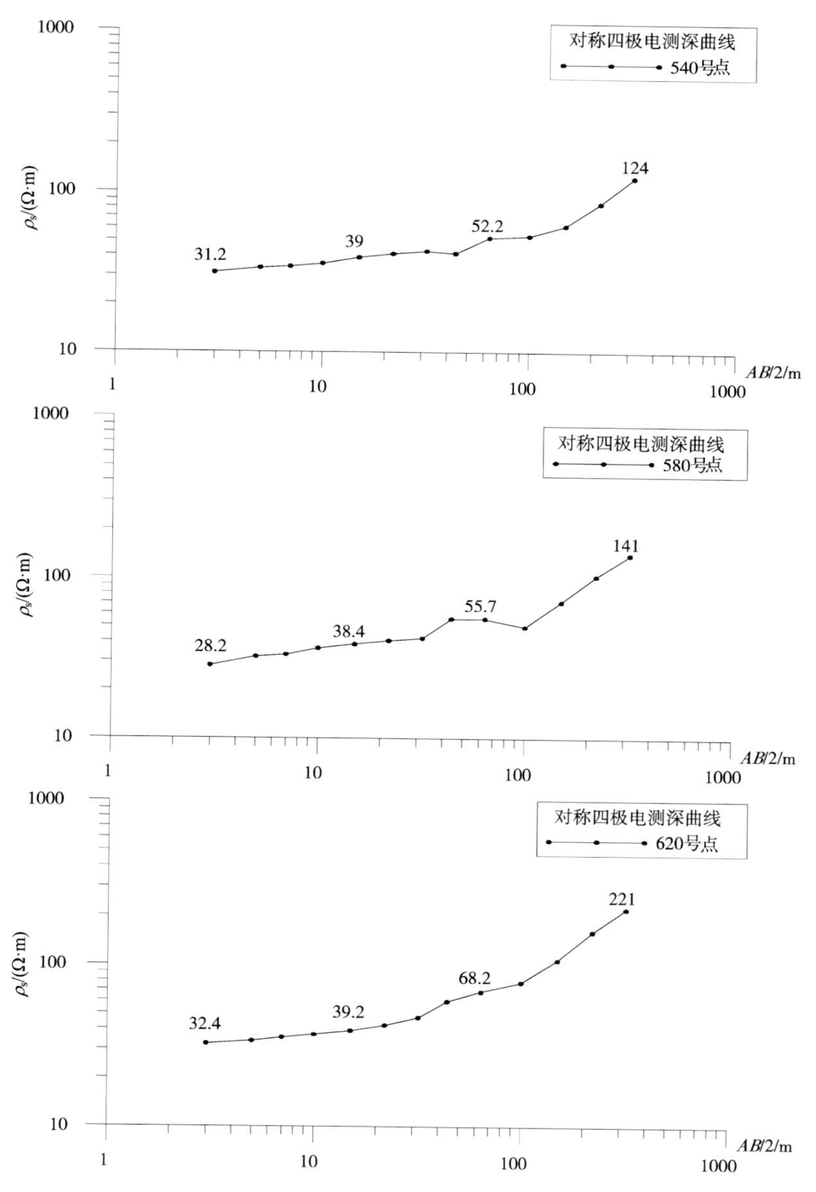

图 7-18　温塘冲村 310 线 540 号、580 号、620 号测点测深曲线

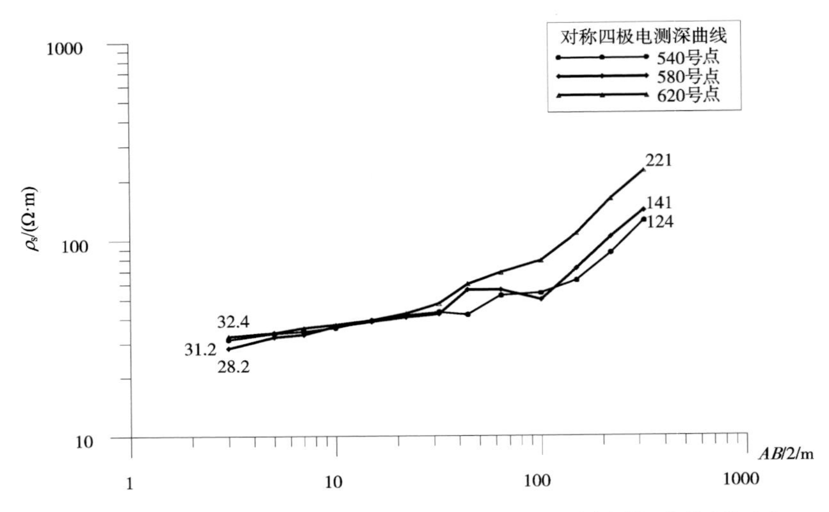

图 7-19　温塘冲村 310 线 540 号、580 号、620 号测点测深曲线(综合)

综合上述几种物探方法分析，推测该低阻异常为区内北东向断层构造的反映，断层倾向大号方向(南东向)，倾角为 50°~60°，发育宽度为 40~60 m。断层附近基岩较为破碎，岩溶裂隙相对发育，富水可能性较大，建议在 310 线 580 号测点附近布钻验证。

钻探结果(图 7-20)显示：0~0. 30 m 为杂填土，0. 30~6. 90 m 为第四系粉质黏土，6. 90~65. 25 m 为白云质灰岩，65. 25~132. 10 m 为灰岩。多处溶蚀和节理裂隙发育，11. 2~12. 5 m、27. 2~29. 6 m 与 30. 7~33. 0 m 为溶洞，少量被黏土充填；33~65. 25 m 多处溶蚀裂隙发育，多被方解石充填。经抽水试验确定，该孔涌水量为 434 t/d，有效地解决了当地村民的生产生活用水需求的问题。

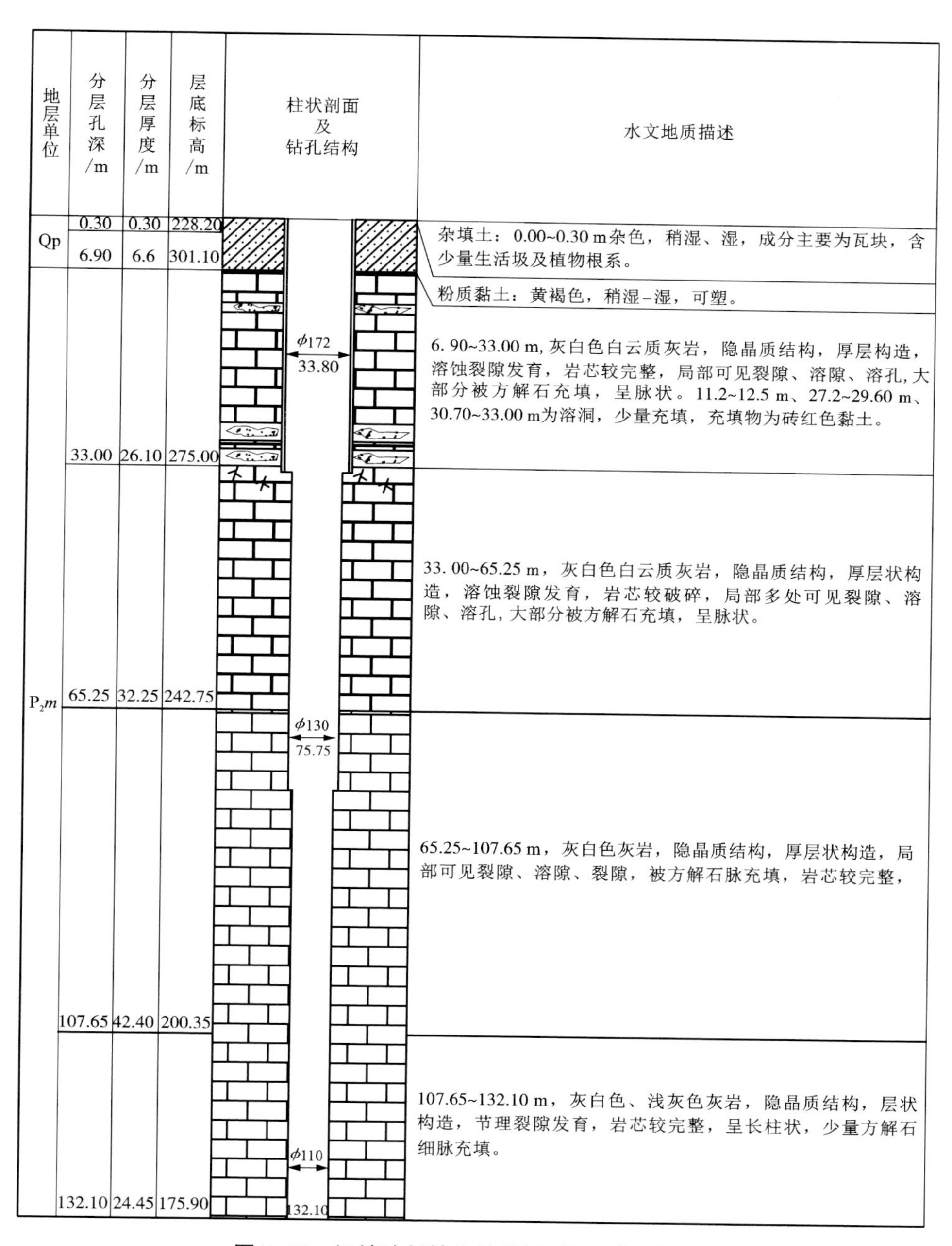

地层单位	分层孔深/m	分层厚度/m	层底标高/m	柱状剖面及钻孔结构	水文地质描述
Qp	0.30	0.30	228.20		杂填土：0.00~0.30 m杂色，稍湿、湿，成分主要为瓦块，含少量生活圾及植物根系。
	6.90	6.6	301.10		粉质黏土：黄褐色，稍湿–湿，可塑。
P_2m	33.00	26.10	275.00	ϕ172 33.80	6. 90~33.00 m，灰白色白云质灰岩，隐晶质结构，厚层构造，溶蚀裂隙发育，岩芯较完整，局部可见裂隙、溶隙、溶孔，大部分被方解石充填，呈脉状。11.2~12.5 m、27.2~29.60 m、30.70~33.00 m为溶洞，少量充填，充填物为砖红色黏土。
	65.25	32.25	242.75		33. 00~65.25 m，灰白色白云质灰岩，隐晶质结构，厚层状构造，溶蚀裂隙发育，岩芯较破碎，局部多处可见裂隙、溶隙、溶孔，大部分被方解石充填，呈脉状。
	107.65	42.40	200.35	ϕ130 75.75	65.25~107.65 m，灰白色灰岩，隐晶质结构，厚层状构造，局部可见裂隙、溶隙、裂隙，被方解石脉充填，岩芯较完整，
	132.10	24.45	175.90	ϕ110 132.10	107.65~132.10 m，灰白色、浅灰色灰岩，隐晶质结构，层状构造，节理裂隙发育，岩芯较完整，呈长柱状，少量方解石细脉充填。

图 7–20　温塘冲村钻孔柱状图（据王潇，节选）

第八章 基岩裂隙水探测实例

第一节 湖南省基岩分布特征

湖南省基岩裂隙水地区是指以大面积坚硬岩石为主的地区，地貌上多为山地和高丘陵地带，按其赋存的含水层不同，基岩裂隙水可分为碎屑岩裂隙水、岩浆岩裂隙水和变质岩裂隙水。主要岩性有花岗岩、板岩等。

地下水主要赋存在节理、构造裂隙、风化裂隙和张裂隙发育的断裂破碎带内。基岩裂隙水受到裂隙密集度、张开度和连通性的控制，往往不能形成水量分布比较均匀的层状含水系统，通常表现出强烈的不均匀性、各向异性和连通程度不一致性。此外，在基岩裂隙水地区，地下水补给条件多变，径流条件复杂，地下水的形成和分布与地形地貌条件密切相关，这些特征决定了在基岩裂隙水地区找水具有一定的特殊性。湖南省基岩分布区见图 8-1。

第二节 基岩地区找水思路

板岩地区地下水多具承压性，因此应首先调查地势低洼、汇水面积广、泉水发育、能形成承压条件的有利于地下水富集的地形地貌，寻找岩浆岩与板岩接触带、原生节理裂隙和次生节理裂隙发育地段，寻找岩石夹层多、脆性塑性差异大、脆性岩石夹层薄的节理裂隙发育带。板岩地区地下水主要为构造裂隙水，因此应寻找向斜核部、背斜转折端、张节理发育的地段，寻找张性断裂的中心地带、压性断裂的两侧及断裂的交会部位。在花岗岩地区主要探测断裂或者岩性接触带。

湖南省主要采用物探方法找水。利用电(磁)剖面或测深方法，划分不同电性岩层接触带，以及充水、充泥断裂带是比较有效的找水方法。先利用电法寻找断裂及其次生构造、节理裂隙发育带、岩石破碎带和不同岩石过渡带，在塑性岩层中寻找脆性岩石夹层，在高阻地区寻找低阻发育带，或在低阻地区寻找高阻异常带，再在高阻带中寻找低阻异常点，从而寻找相对富水岩段。

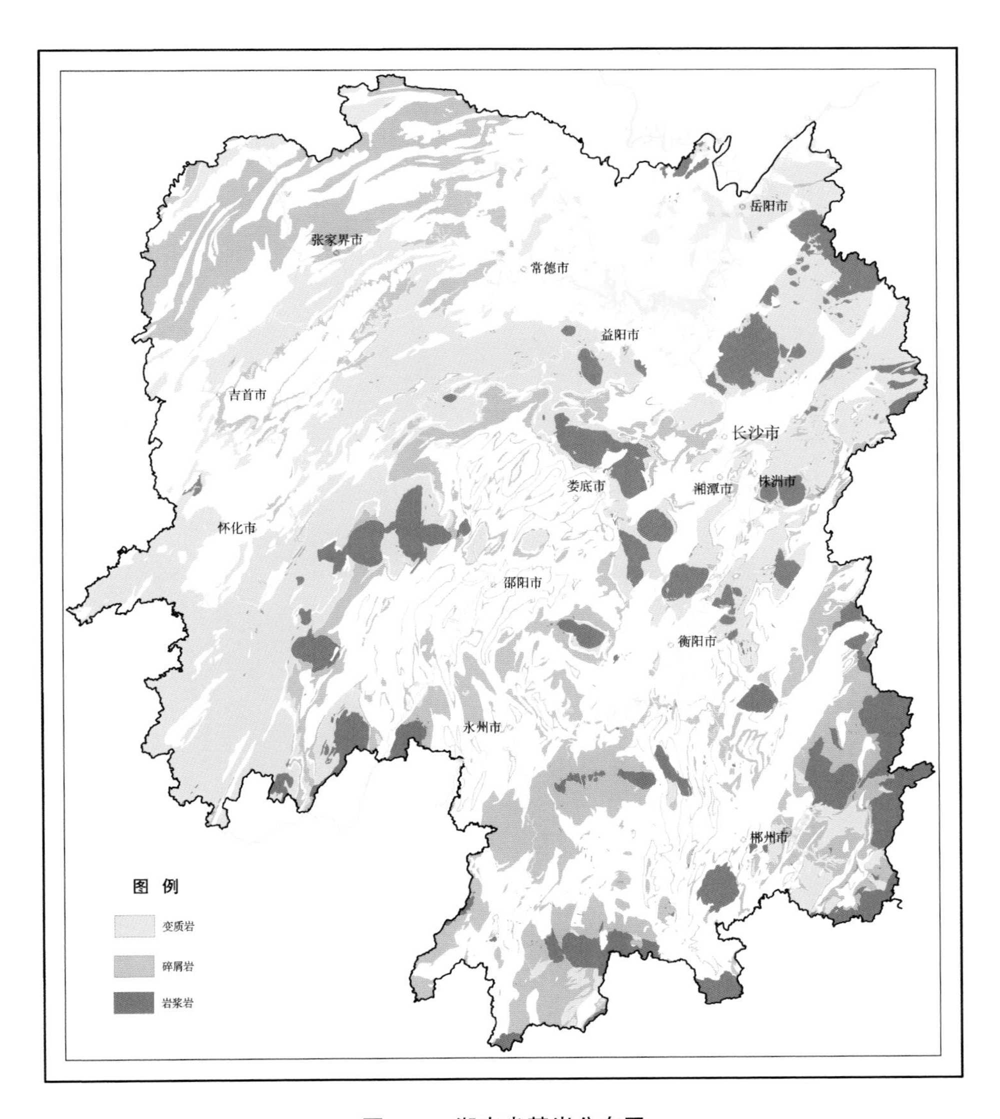

图 8-1　湖南省基岩分布区

第三节　基岩地区找水实例

一、汨罗市古仑村抗旱找水

汨罗市古仑村属低山丘陵地形，主要为剥蚀构造地貌，有浅变质岩丘陵和岩浆岩丘陵两类。工作区内地理环境极差，山塘水系不发达，无河流水库，常年干旱造成良田减产、人畜饮水困难，对此群众反应十分强烈。

工作区内出露地层有第四系(Q_4^{al})、青白口系雷神庙组(Qnl)。第四系沿冲沟发育，上部为腐殖土、粉砂质黏土，下部为砂质层及砾石层，层厚 5~14 m；雷神庙组岩性主要为粉砂质千枚状板岩、绢云母板岩、薄层状绢云母千枚岩。

工作区内岩浆岩主要分布在西南部，为中侏罗世第二侵入次细粒斑状黑云母花岗闪长岩。岩浆岩风化剧烈，部分呈疏松砂土状，风化深度为十余米，其中暗色矿物含量较高的岩石风化程度较强。受后期构造运动影响，岩体内挤压破碎带极为发育，走向以北东向为主。

物探测线位于岩浆岩和第四系，大致沿区内发育的主要冲沟布置，以尽量减小地形对测量结果的影响。布置的主要测线有北东向的 800 线与南东向的 820 线(图 8-2)。

800 线采用了高密度电法与天然电场选频法进行综合勘查，勘探成果如图 8-3、图 8-4 所示。由图可知，140~160 号测点间有一漏斗状的低电性异常，两侧电性参数均较高，异常发育深度最深为 140 m 以上，两种物探方法勘探深度不同，但测量结果互相吻合得很好。综合分析后，推测该处下伏基岩较为破碎，裂隙相对发育，为富水有利部位。

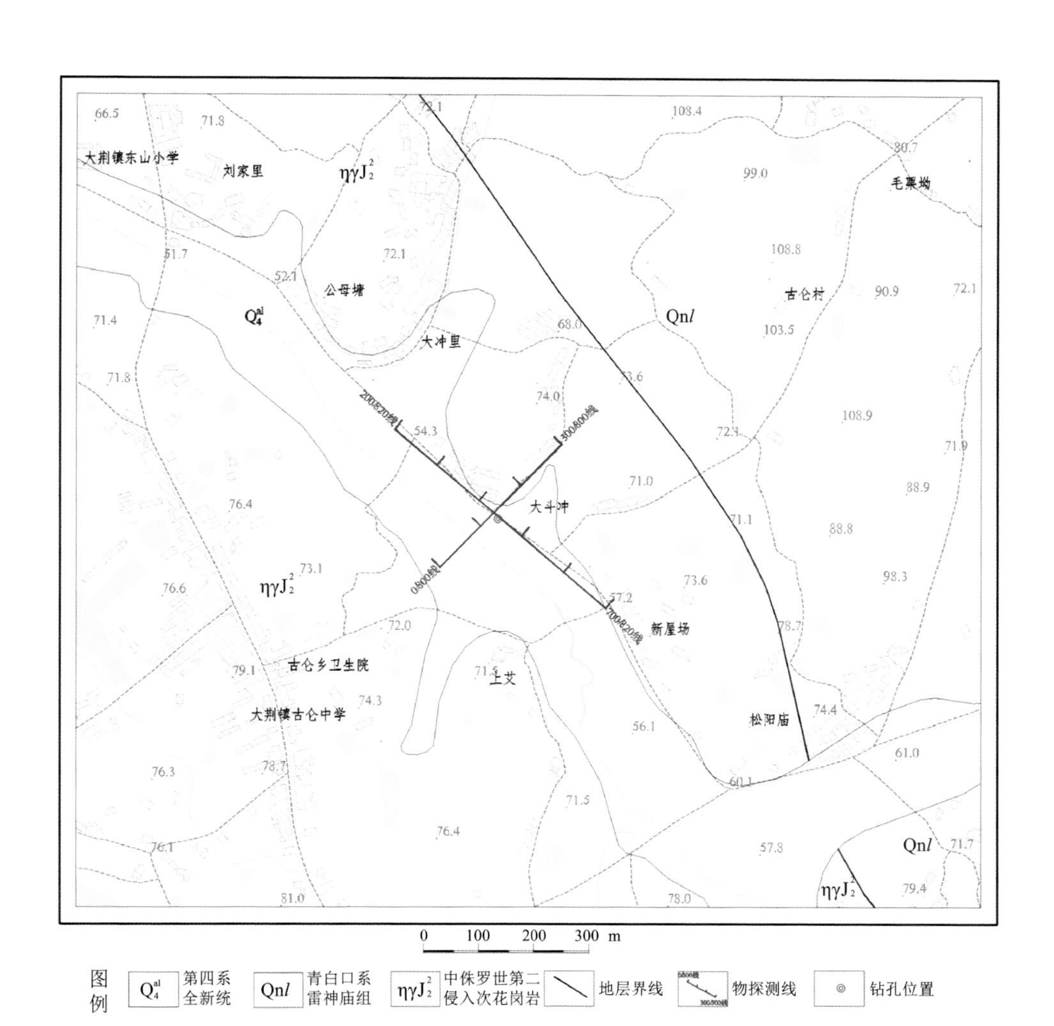

图 8-2　古仑村物探测线布置图

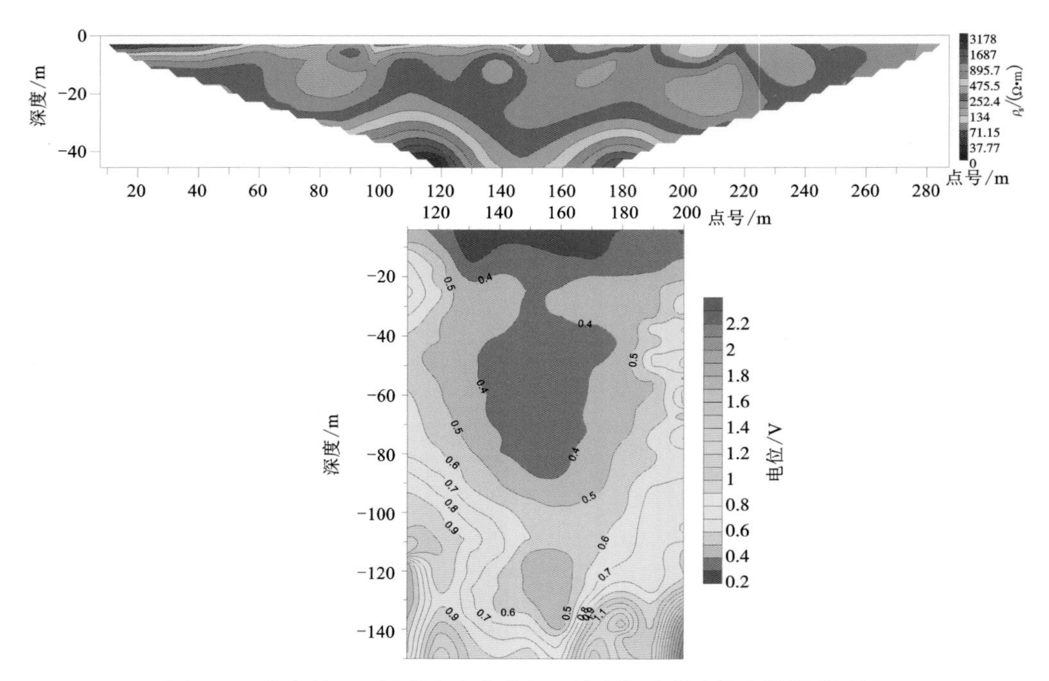

图 8-3　古仑村 800 线高密度电法与天然电场选频法综合勘探成果图

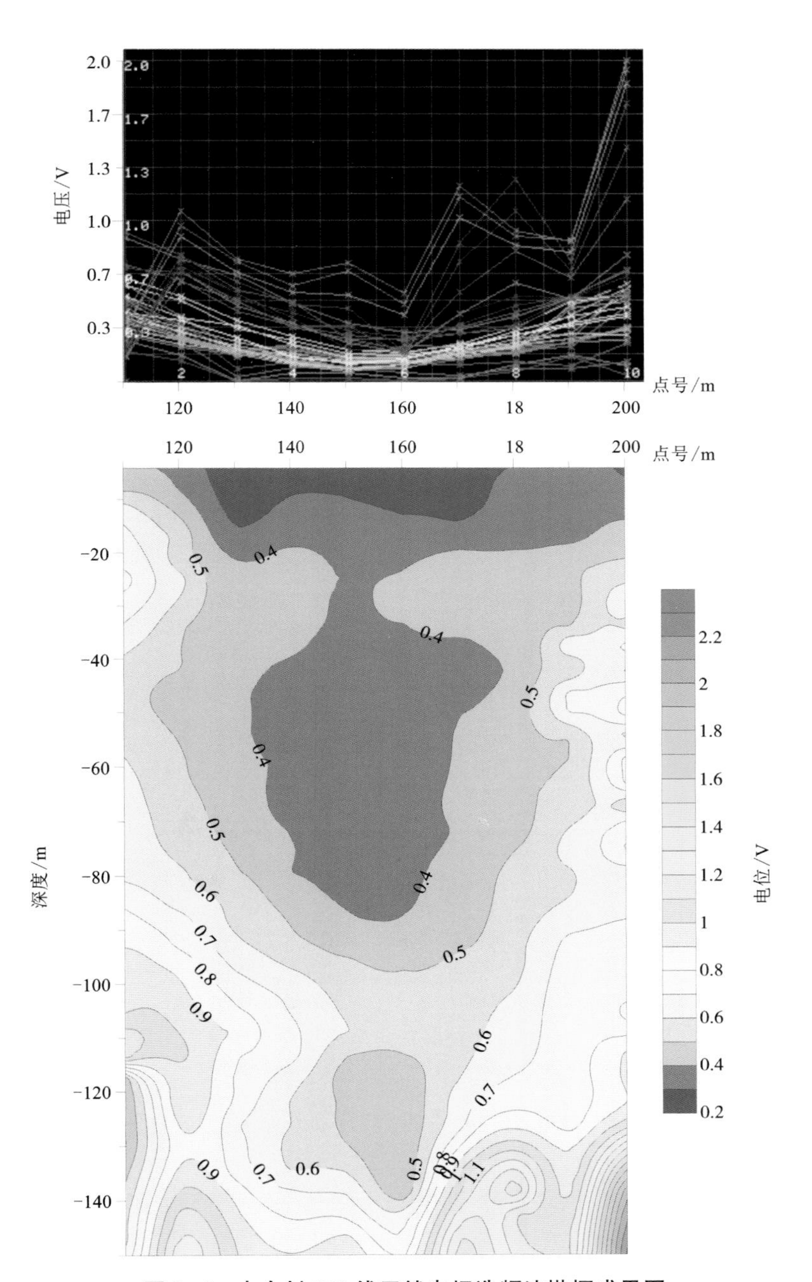

图 8-4　古仑村 800 线天然电场选频法勘探成果图

820 线采用了联合剖面法与高密度电法进行综合勘查，勘探成果如图 8-5 所示。由图可知，联合剖面法曲线浅部极距($AO=50$ m)与深部极距($AO=100$ m)各有一个低阻正交点，分别位于 430 号测点与 450 号测点。同时，高密度电法在 420~460 号测点间也有一条低阻异常带反映，且其与 800 线的异常位置吻合得较好。综合分析后，推测该低阻异常为一基岩裂隙破碎发育带，富水可能性较大，建议在 820 线 450 号测点附近布钻验证。

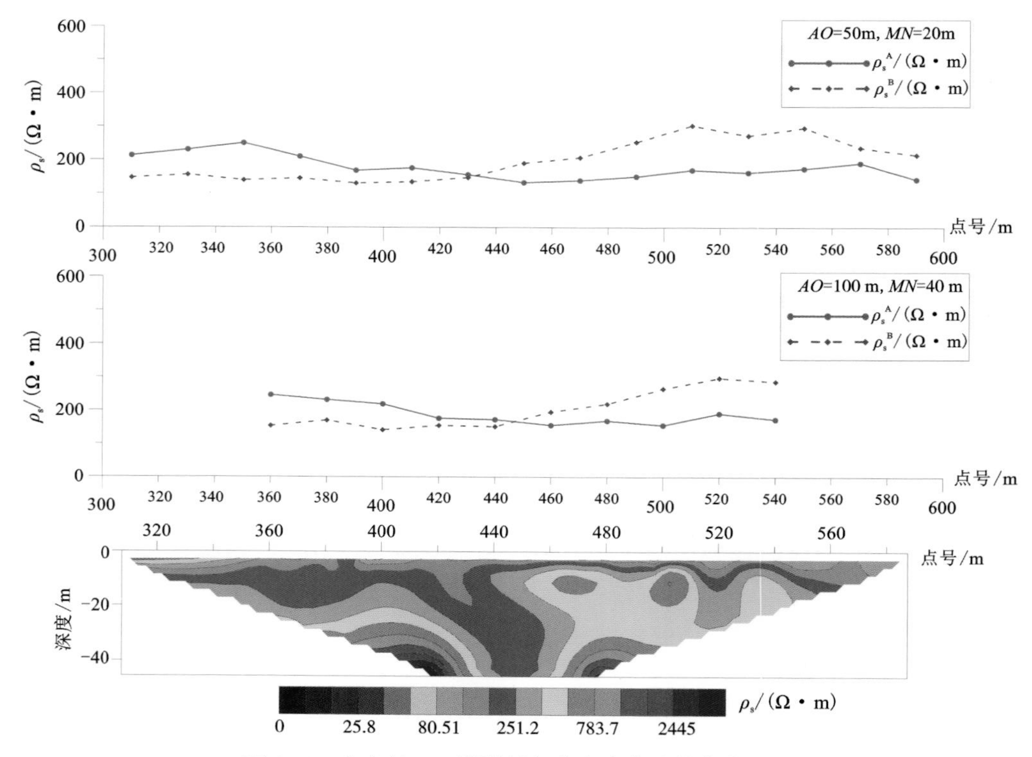

图 8-5　古仑村 820 线联剖与高密度电法综合成果图

水文钻孔资料(图 8-6)显示：0~4.9 m 为第四系黏土，4.9~30.02 m 为粗砂层，30.02~35.22 m 为全风化花岗岩，35.22~153.68 m 为中风化花岗岩。多处节理裂隙发育，35.22~38.10 m 节理裂隙极发育，裂隙面被砂质充填并开始漏水，47.00~48.90 m、103.30~104.08 m 节理裂隙发育，掉块较为严重，孔深 49.20 m 孔内涌水。经抽水试验确定，该孔涌水量为 265 t/d，有效地满足了当地村民的用水需求。

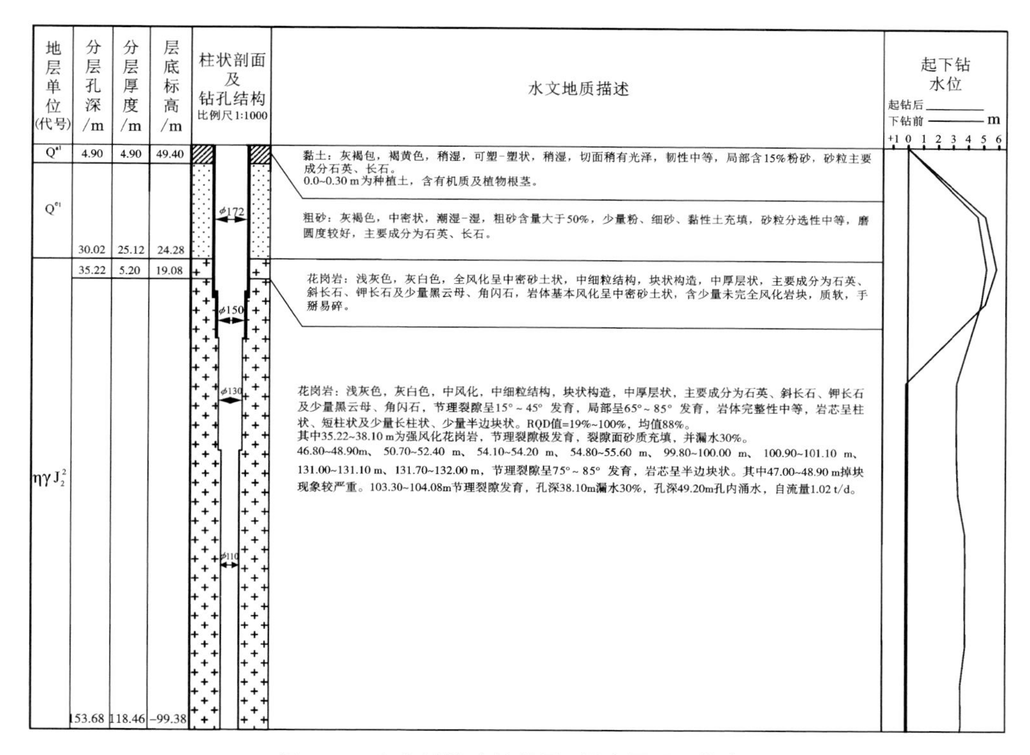

图 8-6　古仑村钻孔柱状图(据宋厚园，节选)

二、邵阳市邵东市蔼竹村抗旱找水

邵阳市邵东市蔼竹村位于寒武系与奥陶系分界线附近，两侧地层呈断层接触关系。据区域地质资料(图 8-7)，村子南侧出露地层为寒武系污泥塘组($\text{Є}_{2-3}w$)，北侧出露地层则为奥陶系白水溪组(O_1bs)与桥亭子组($O_{1-2}q$)。污泥塘组上部为灰黑色、黄灰色薄至中层钙泥质板岩，含粉砂质钙泥质板岩，下部为灰黑色、深灰色碳质板岩，夹碳质钙泥质板岩及粉砂质绢云板岩；白水溪组上部为钙质条带状板岩夹钙质板岩，下部为泥质灰岩夹钙质板岩；桥亭子组主要为板岩、砂质板岩和条带状板岩等。由于村子下伏基岩主要为板岩，而板岩的裂隙孔隙不太发育，为相对隔水层，该村子的干旱缺水问题尤为严重。

板岩、泥质板岩和钙质板岩等变质岩，其裂隙水富水程度主要受裂隙发育程度、岩性、构造和地貌等多因素共同控制，此外也与下伏是否存在碳酸盐岩夹层紧密相关。因此，蔼竹村的找水方向主要为断层破碎带和层间裂隙带。

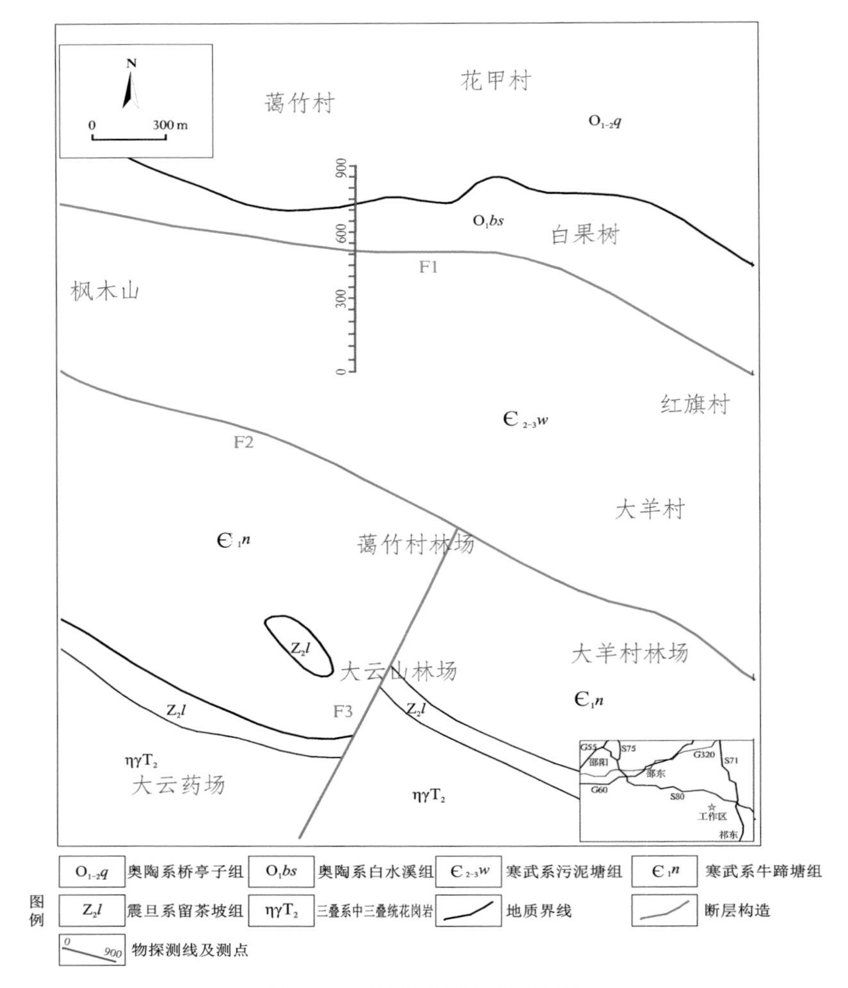

图 8-7　蔼竹村区域地质资料

由于断层两侧地层岩性分别以钙质板岩和碳质板岩为主，两侧电阻率存在一定的差异，但差异不太明显。因此，蔼竹村物探找水主要采用联合剖面法、高密度电法和激电测深法进行综合勘查。

图 8-8 为蔼竹村物探综合成果及推断解释剖面，视电阻率联合剖面法曲线［图 8-8(a)］显示，测线 $AO=100$ m 与 $AO=200$ m 两个极距的 ρ_s 曲线均无正交点存在。但是，测线在 500 号测点附近存在一条明显的电性分界线，小号方向(南)下伏地层电阻率很低，而大号方向(北)下伏地层电阻率相对较高。

高密度电阻率法反演断面［图 8-8(b)］显示，高密度电阻率法与视电阻率联合剖面法两者结果基本一致，吻合度很高。结合区内水文地质资料综合分析后可以推测，500 号测点附近为地层界线，小号方向为寒武纪污泥塘组，岩性主要为碳质板岩等，电阻率总体很低；大号方向为奥陶纪白水溪组，岩性以钙质板岩和泥质灰岩为主，电阻率相对较高。两侧地层呈断层接触关系[图 8-8(c)]。

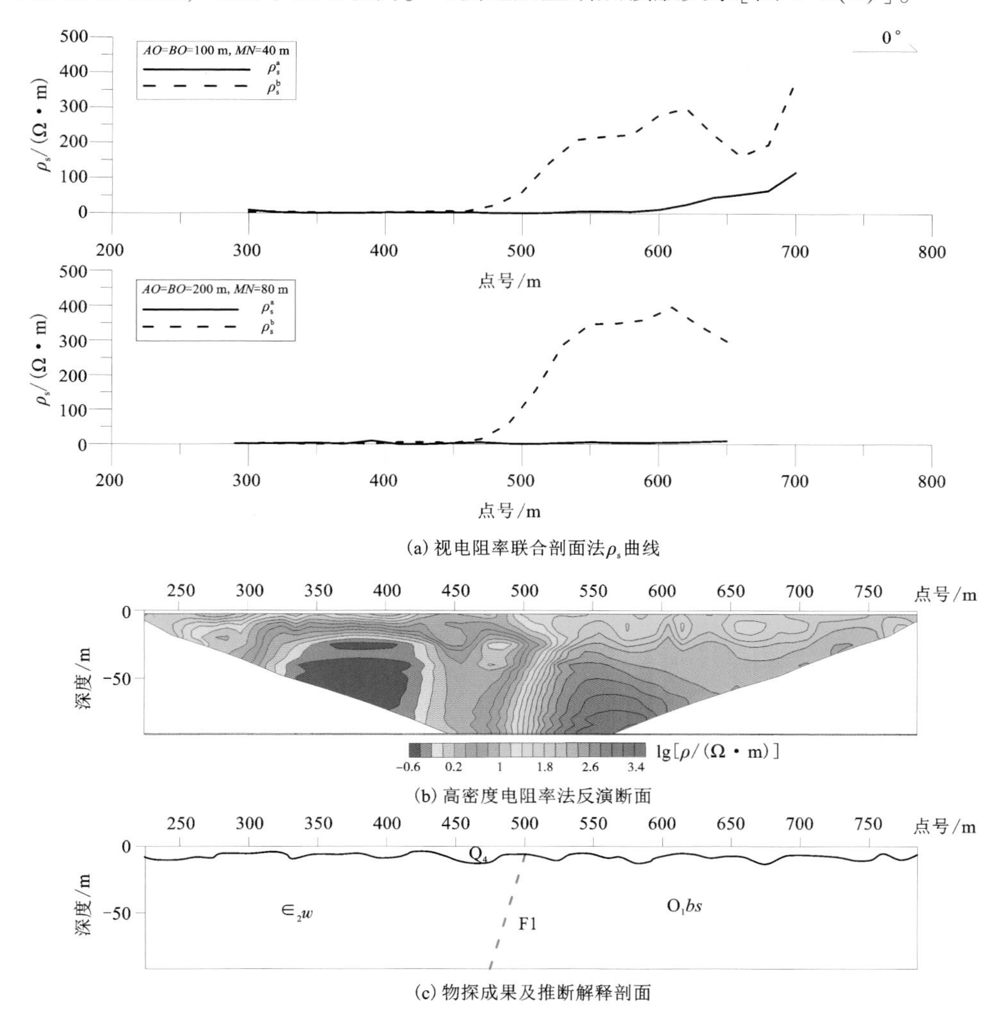

(a) 视电阻率联合剖面法ρ_s曲线

(b) 高密度电阻率法反演断面

(c) 物探成果及推断解释剖面

图 8-8　蔼竹村物探综合成果图及推断解释剖面

在电剖面法确定的异常大致范围的基础上，针对异常 500 号测点，在其附近一共布置了 5 个激电测深点，分别为 480 号、500 号、520 号、540 号和 560 号测点。综合分析各测点的激电测深等值线断面(图 8-9)可以看出，500~520 号测点附近，两侧电阻率呈阶梯状跃变，电性差异非常明显，与电剖面法结果完全一致，且该处极化率 η_s 多大于 2.5%，而其两侧 η_s 多在 2.0%以内。综合判断可知，

500~520 号测点整体呈现低阻高极化特征，富水的可能性很大。

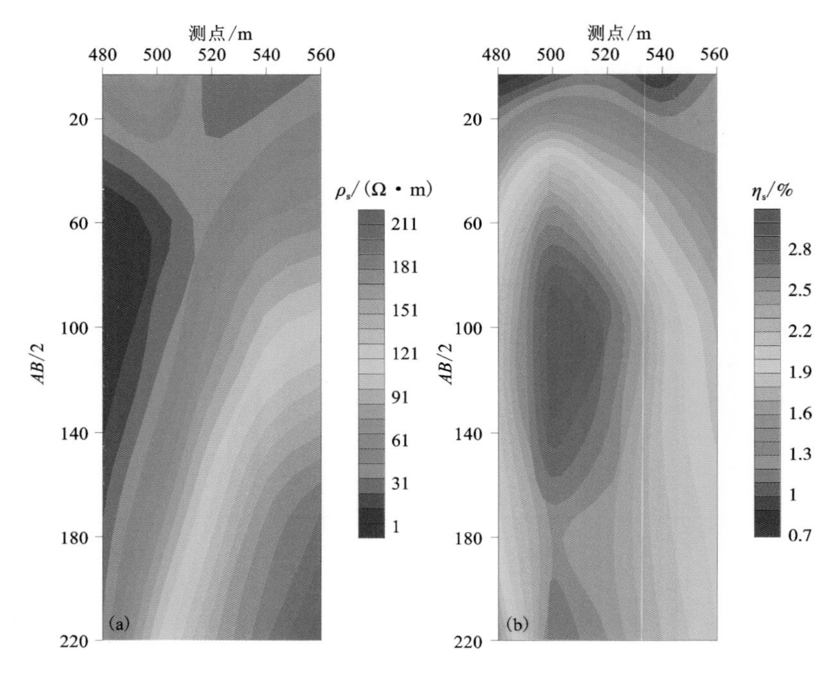

图 8-9　五测点(480~560 号)激电测深等值线断面

此外，由 500 号测点的单支激电测深曲线(图 8-10)也可以看出，该曲线属于“H”形，中间地层电阻率较上、下两层都低。曲线上 $AB/2$ 极距为 15~150 m 处对应的地层视电阻率呈相对低阻异常，而相应区间的 η_s 值相对较高，特别是 $AB/2$ 极距为 64~100 m 时，η_s 值接近 3%，由此推测，该处断裂构造异常纵向发育也具有一定的规模。

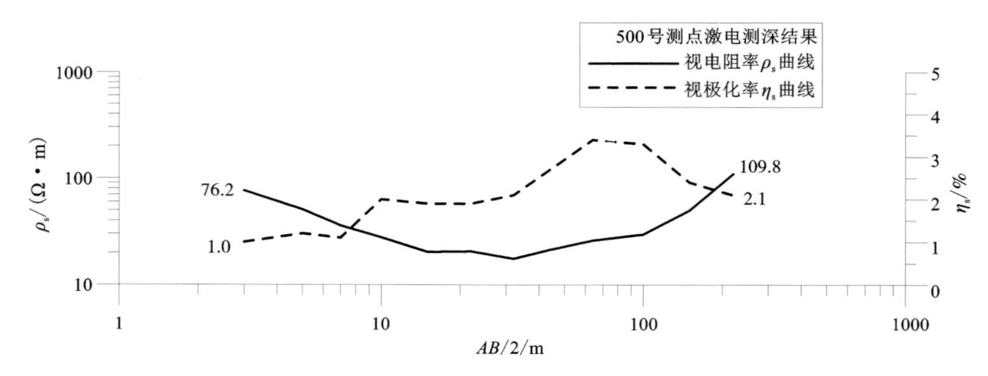

图 8-10　500 号测点激电测深曲线

结合勘查区地质资料，综合分析多种物探方法成果后可以得出结论：500～520号测点为区内断层构造F1的反映，其两侧地层呈断层接触关系，断层南侧为寒武纪污泥塘组，岩性主要为碳质板岩等，电阻率总体很低；大号方向为奥陶纪白水溪组，岩性以钙质板岩和泥质灰岩为主，电阻率相对较高。断层附近下伏地层岩性总体呈现高阻低极化特性，且异常在纵向上也具有一定规模，推测该处断层下伏地层富水可能性很大，宜在此处进行钻探验证。

钻探结果(图8-11)显示：钻孔岩芯多处破碎，溶蚀、裂隙强烈发育，连通性好。孔深21.0～23.4 m岩石裂隙密集发育，岩芯为碎石状，含裂隙水；孔深

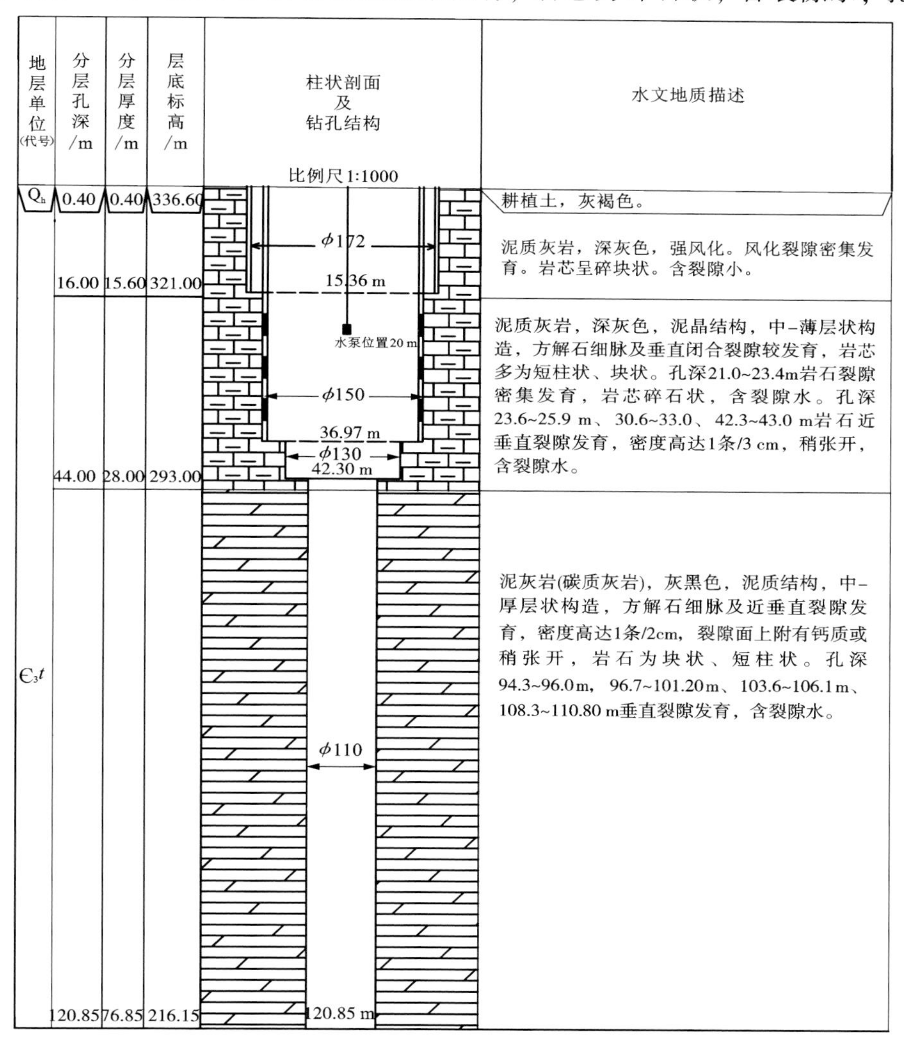

图8-11　蔼竹村钻孔柱状图(据姚海鹏，2016，节选)

23.6~25.9 m、30.6~33.0 m、42.3~43.0 m 岩石近垂直裂隙发育，密度高达1条/3cm，稍张开，含裂隙水；孔深94.3~96.0 m、96.7~101.20 m、103.6~106.1 m、108.3~110.80 m岩石垂直裂隙发育，密度高达1条/2 cm，裂隙面上附有钙质或稍张开，岩石呈块状、短柱状，含裂隙水。

钻探结果验证了物探推测的异常与实际断层破碎带基本吻合，经抽水试验确定，该孔自流涌水量可达395 t/d，极大地缓解了当地老百姓对饮用水的迫切需求，取得了良好的找水效果。

三、常德市石门县南北镇

常德市石门县南北镇地处湘鄂边界，集镇主要沿过境公路石鹤线两侧发展，与湖北省鹤峰县走马镇北镇管理区连成一片，形成了两镇一街横跨两省的独特格局。

南北镇地处山区，境内峰峦重叠，地势险峻，全境90%的地区平均海拔1100 m以上。工作区地貌类型主要为中山峰丛洼地，锯齿状溶峰组成峰丛，峰丛间洼地多沿北西、北北西向有规律地展布，洼地中漏斗、落水洞多见，局部地区形成峰林。工作区位于东山峰复背斜两翼，由震旦系、寒武系碳酸盐岩及碳酸盐岩夹碎屑岩组成。

区内地层主要为震旦系下统陡山沱组(Z_1d)和寒武系中下统石牌组($\epsilon_{1-2}s$)，两地层由清官渡断裂破碎带切割开，该断裂破碎带宽5~7 m，断面产状为350°∠30°，属倾向北北西逆断层。陡山沱组岩性主要为灰色、深灰色中厚层状粉晶灰质云岩、细-粉晶泥质云岩，夹薄层状含锰质粉晶云岩；石牌组岩性则以青灰色、灰绿色页岩为主，夹薄层状泥灰岩、泥晶灰岩。

区内地下水类型主要为碳酸岩夹碎屑岩裂隙岩溶水，水量中等~贫乏，找水难度较大。

基本垂直区内断层布置了物探测线30线与31线(图8-12)，31线采用了联合剖面法、高密度电法与天然电场选频法进行综合勘查，勘查结果如图8-13所示，由图可知，460号测点附近为电性分界点，其两侧电性差异明显，三种物探方法结果均反映清晰，吻合极好。因此，综合分析可得出结论：测线小号方向(北西向)电阻相对较高，推测为陡山沱组碳酸盐岩；而大号方向(南东向)电阻极低，推测为石牌组页岩的反映，两地层呈断层接触关系。

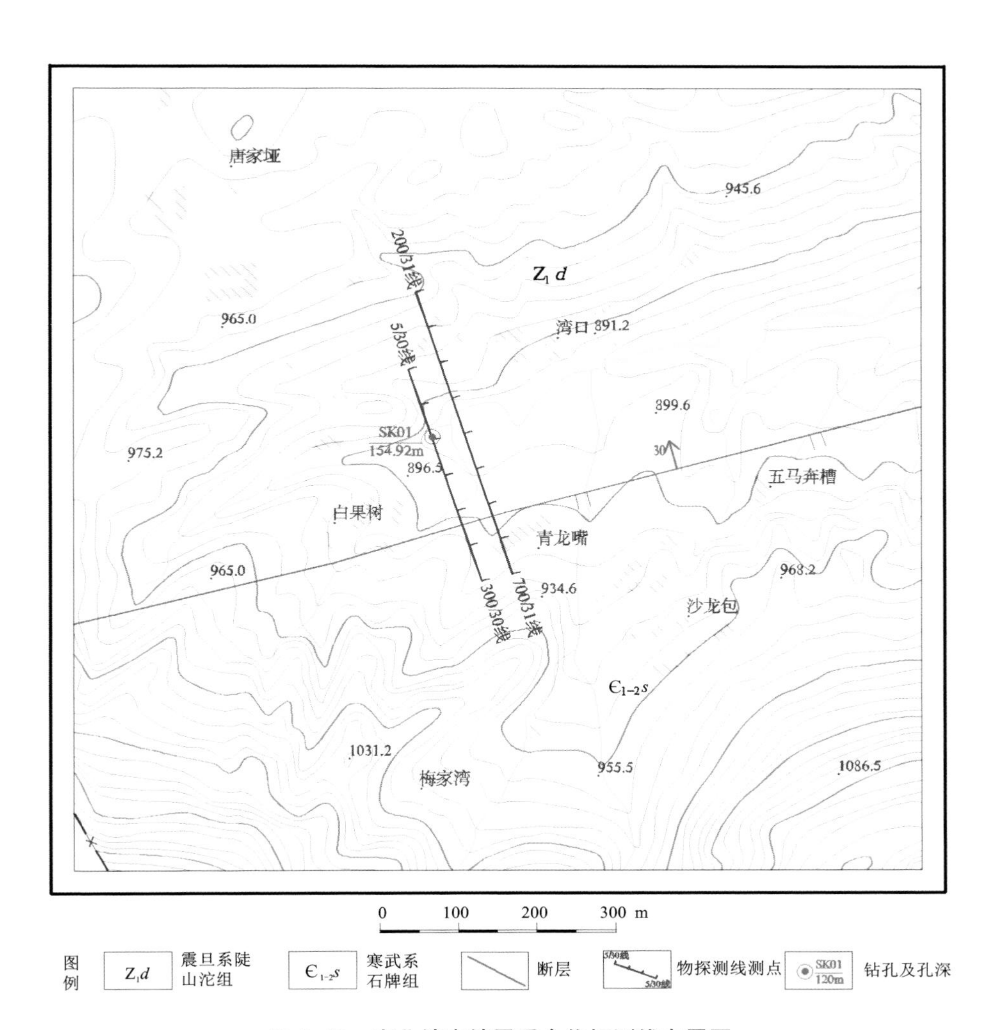

图 8-12　南北镇南镇居委会物探测线布置图

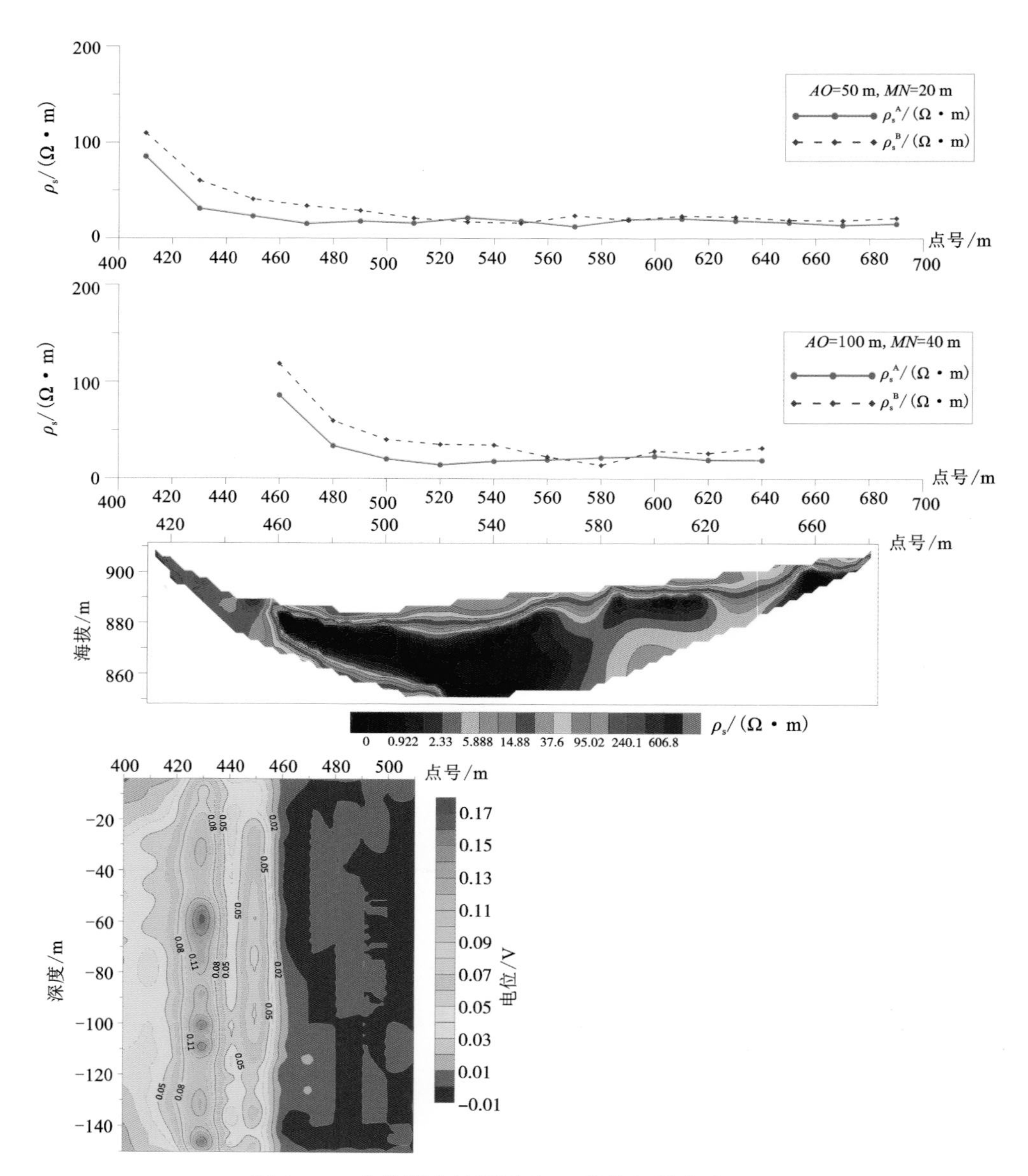

图 8-13　南北镇南镇居委会 31 线物探综合成果图

由 30 线与 31 线物探结果可知，该断层沿北东走向发育，倾向北西，产状较陡，在地表分别位于 30 线的 80 号测点与 31 线的 460 号测点附近(图 8-14)。

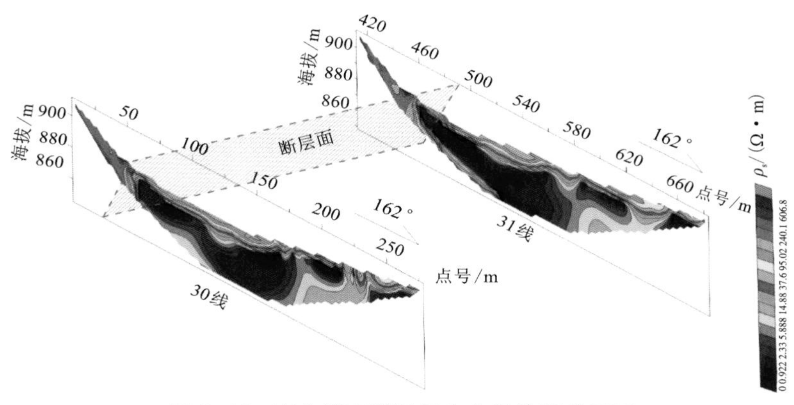

图 8-14　南北镇南镇居委会物探推断成果图

经钻探验证，钻孔资料(图 8-15)显示：0~4.06 m 为第四系黏土覆盖层；4.06~63.54 m 为灰质云岩；63.54~154.92 m 为泥质云岩，节理裂隙发育，局部裂隙由方解石脉填充。23.81 m 处钻孔开始漏水；43.23 m 处开始涌水，38.12~62.00 m、66.40~68.20 m 岩溶裂隙发育，掉块较为严重。经抽水试验确定，该孔涌水量为 110 t/d，极大地缓解了当地村民的用水需求。

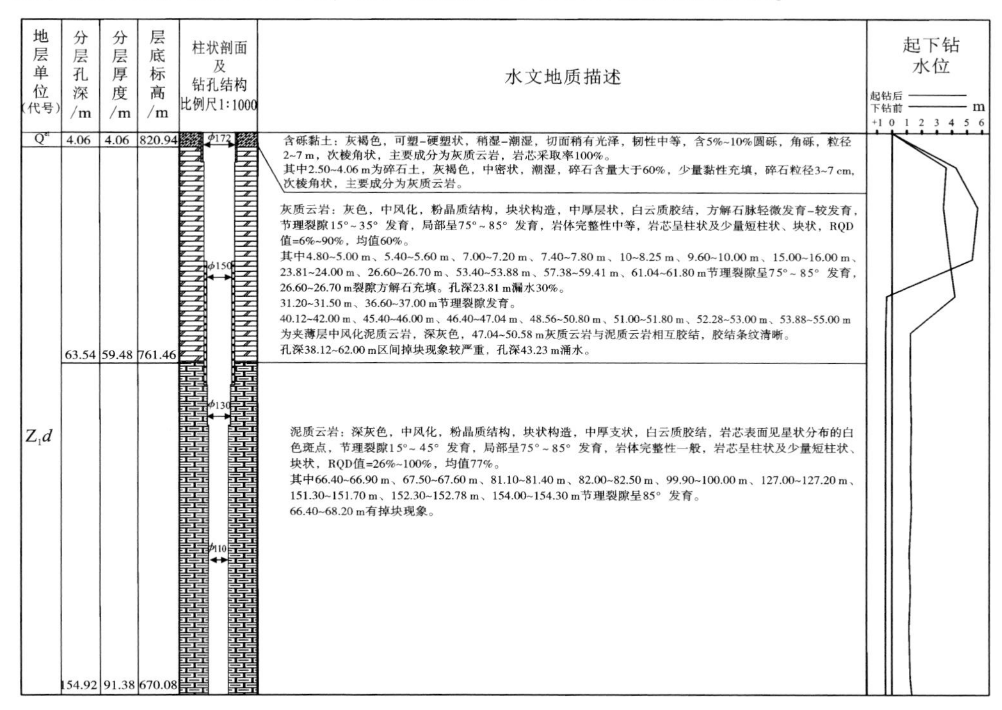

图 8-15　南北镇南镇街道钻孔柱状图(据宋厚园，节选)

参考文献

[1] 中国地质调查局. 严重缺水地区地下水勘查论文集(第一集)[M]. 北京：地质出版社，2003.

[2] 高欢. 水文地质调查与综合物探在找水中的应用[J]. 水利科技与经济，2022，28(7)：79-84.

[3] 刘春伟，王重，胡彩萍，等. 综合物探方法在胶东岩浆岩缺水山区找水中的应用[J]. 物探与化探，2023，47(2)：512-522.

[4] 周耀质，杨世平，邓少平，等. 电法在黄石地区找水应用中的几点认识[J]. 工程勘察，2023，51(10)：73-78.

[5] 李雪宁，王猛，吴维民，等. 综合找水方法的应用——以内蒙古隆盛庄地区为例[J]. 化工矿产地质，2023，45(2)：150-156.

[6] 唐甫，马富安，陈博，等. 高密度电法在广西大石山区三种不同岩性地层的找水应用[J]. 矿产与地质，2023，37(2)：327-336.

[7] 吴頔，黄朝宇，邓鹏博，等. 大地电磁二维正演数值模拟及在石漠化地区岩溶裂隙找水中的应用[J]. 水利科技，2022(4)：28-34.

[8] 欧阳波罗，易强，路韬，等. 水文地质调查结合直流电法在赣南地区找水中的应用[J]. 华南地质，2022，38(2)：340-349.

[9] 李望明，易强，刘声凯，等. 湘西北岩溶石山缺水地区直流电法找水实例[J]. 物探与化探，2020，44(6)：1294-1300.

[10] 李俊. 永顺岩溶干旱区找水技术方法浅析[J]. 智能城市，2020，6(8)：63-64.

[11] 刘前进，黄旭娟，何文城. 赣州地区红层盆地找水模式探讨——以于都盆地为例[J]. 华东地质，2021，42 (4)：467-474.

[12] 王红，张叶鹏，曹恒，等. 湘东地区红层盆地找水物探方法有效性试验研究 [J]. 物探化探计算技术，2019，41(5)：653-658.

[13] 杨贵花，曹顺红，康方平. 湖南省岩溶区抗旱找水方法[J]. 城市建设理论研究(电子版)，2024(2)：160-163.

[14] 康方平，蒋建良，彭杰，等. 综合物探方法在湖南某贫水板岩地区找水的应用研究[J]. 工程地球物理学报，2020，17(2)：258-264.

[15] 周磊，曹创华，邓专，等. 城镇有限场地条件下的物探找水试验[J]. 城市地质，2019，14(1)：97-102.

[16] 曹创华，康方平，魏方辉，等. 高密度电阻率法逐级反演与实践——以湖南省常德市鼎城区某地质剖面为例[J]. 地球物理学进展，2019，34(6)：2398-2405.

[17] 王希魁. 湖南红层地下水控制因素及赋存规律[J]. 中国煤田地质，1990(2)：45-47.

[18] 张超岳. 红层地下水形成条件及找水方向[J]. 地下水，1987(1)：47-49+53.

[19] 王学刚，肖华. 湖南红层找水初探[J]. 湖南地质，2002(3)：196-200.

[20] 段仲源，寇敏燕，熊智彪，等. 红层裂隙水特征与找水方法[J]. 华东地质学院学报，2002(4)：283-287.

[21] 谢含华. 红层区地下水分布规律及开发利用技术研究[J]. 水资源与水工程学报，2011，22(2)：69-73.

图书在版编目(CIP)数据

湖南省地下水勘查物探方法与实例 / 曹创华等编著. --长沙：中南大学出版社，2024.11.

ISBN 978-7-5487-6072-6

Ⅰ. P641.72

中国国家版本馆 CIP 数据核字第 2024HY2098 号

湖南省地下水勘查物探方法与实例

HUNANSHENG DIXIASHUI KANCHA WUTAN FANGFA YU SHILI

曹创华　曾风山　康方平
刘春明　何　禹　周　磊　◎ 编著

□出 版 人　林绵优
□责任编辑　刘小沛
□责任印制　唐　曦
□出版发行　中南大学出版社
　　社址：长沙市麓山南路　　邮编：410083
　　发行科电话：0731-88876770　　传真：0731-88710482
□印　　装　湖南鑫成印刷有限公司

□开　　本　710 mm×1000 mm 1/16　□印张 7.75　□字数 153 千字
□版　　次　2024 年 11 月第 1 版　□印次 2024 年 11 月第 1 次印刷
□书　　号　ISBN 978-7-5487-6072-6
□定　　价　42.00 元